インターネットはなぜ人権侵害の温床になるのか

ネットパトロールがとらえたSNSの危険性

吉冨康成［編著］
YOSHITOMI Yasunari

ミネルヴァ書房

プロローグ

「民無信不立（人民は信がなければ安定してやっていけない）」（論語より）という「言葉」があります。これは、孔子が弟子の子貢に、政治の要諦について問われた際に、「食」「兵」「信」の中で、「信」が一番大切だと答えた一節です。「信」がなければ、政治に限らず、社会生活、家庭生活もうまくいくはずはありません。「食」を経済、「兵」を軍事、と言い換えれば、現代の国家にも当てはまる根源的な問いかけです。また、「食」を「収入」、「兵」を「競争力」、と言い換えれば、会社や個人への問いかけになります。そして、「信」を、「信頼」「信用」「信義」と見なせば、「人」としての根幹を言い当てた言葉です。

「インターネット」は、アメリカ国防総省のプロジェクトから生まれ、情報革命をもたらした「西洋の科学技術」です。「兵」（軍事）のために生まれ、「食」（経済）を変えるグローバリゼーションを生み、「国のかたち」や「人」をも変えつつあります。そして、「人」の根幹にまで影響を及ぼしています。また、人間社会の構成要素が、大家族から核家族になり、孤族になりつつあります。孤族と「インターネット」は、無縁ではありません。もはや、ビジネスでも生活でも、インターネットのない世界は想像できません。では、「信」（信頼、信用、信義）へ、インターネットはどのような影響を与えたのでしょうか。振り返ると、今日のネット人権侵害の遠因は、米ソの軍拡競争にありました。

本著の執筆に至るネットパトロールの研究は、「秋葉原通り魔事件」（２００８年6月8日）の日の、娘の安否確認から始まりました。２ヶ月前に東京で働きだした娘は、幸運にも、その時は秋葉原にいませんでした。容疑者が行ったネットへの書き込みを、我々のシステムで解析して、容疑者の心理の変遷がわかりました。我々の研究で、「救える命」、「救える人生」があるかもしれないと思いました。そこで、京都府立大学情報環境学グループとして、まず、次代を託す若者をインターネットの弊害から守ることを目指して、京都府内の学校を対象にネットパトロールを行ってきました。２０１０年に12校からスタートして、現在は74校を対象に平日１日１回のパトロールを行っています。これまで、「問題のある書き込み」を、教育委員会などに通報してきました。「自殺願望」と思える書き込みに、肝を冷やすこともありました。

本著で取り上げたネット人権侵害の可能性がある例は、氷山の一角に過ぎません。ネットパトロールをしてみて、そのような書き込みの余りの多さに驚愕したことが、本著が生まれたきっかけです。憂慮すべき状況だと思います。ネット人権侵害の実状をできるだけ多くの方に知っていただきたいという思いから、本著の執筆を思い立ちました。そして、京都府立大学情報環境学グループの同志および共同研究を行い、ネットパトロールシステムの実用化を果たしていただいた応用技術株式会社に、執筆の協力をいただき、本著が完成しました。

本著は、6つの章からなっています。第1章では、インターネットが生まれた訳、ネット人権侵犯の潮流、ネットユーザの心理と行動、について述べます。第2章では、ネット人権侵害について考える上で必要となるインターネットに係る知識について述べます。第3章では、ネット人権侵害の可能性がある書き込みについて分析し、対策の糸口を探してみます。第4章では、ネット人権侵害に係る法律を概観し、ネット上での倫理について述べ、ネット人権侵害解消のための視点について考えてみます。そして、実際に注意すべき点を述べます。第5章では、ネット人権侵害を減らすために有効な法令が整備されているか考えてみます。そして、ネット人権侵害の観点で、「ビッグデータ」について考えてみます。第6章では、ネットパトロールシステムとその予備知識について説明します。そして、ネットパトロールで何ができるのか、何ができないのかについても説明します。

各章が独立性の高い内容となるよう努めました。このため、興味のある章から読んでいただくことができると思います。第3章で、ネット人権侵害の実像を分析しています。第3章が本著の心臓部です。第3章で挙げる事例には、差別的な表現が含まれていますが、これら書き込みが「人権侵害」に関わることを示し、ネット上での人権侵害への対策の糸口を探るために再現しています。第4章では、法律の話が多いので、読んでいて肩がこるかもしれません。この章の第11節で、実際に注意すべきことを例示しています。一読いただき、必要な時に読み返していただけると幸です。

本著の内訳は、私の講義や講演の資料を基にした部分が約4割、執筆者全員で分担して今回新たに作成した部分が約6割です。ネット人権侵害は、現代社会の縮図です。科学技術の功罪、コミュニケーションの形態と心理、家族の変容、法治の限界、徳育の必要性、儒教、中国および韓国、北朝鮮と日本の歴史的関係、経済至上主義への戸惑い、さまざまな事柄を俯瞰し、ネット人権侵害対策の糸口を見つけることに本著が役立てば幸いです。

ミネルヴァ書房編集部の浅井久仁人さんに、本著の企画を取り上げていただきました。ご卓見に敬意を表すと共に、心からお礼申し上げます。そして、本著を手に取っていただいた方々に、感謝の気持ちを表したいと思います。ネット人権侵害の実状を多くの方に知っていただき、解決の糸口を共に考え、できることから始めていただくことを切望します。

2014年2月

吉冨康成

目次

第1章　心を蝕むインターネット

米ソの軍拡競争がネット人権侵害の遠因の一つでした。そして，インターネットの普及に加え，ネットでのコミュニケーションの特殊性が人権侵害を増幅しています。本章では，インターネットが生まれた訳，ネット人権侵犯の潮流，ネットユーザーの心理と行動，について述べます。

1 インターネットが生まれた訳

第二次世界大戦後、東洋で2つの戦争がありました。

朝鮮戦争：1950年6月25日～1953年7月27日

ベトナム戦争：1960年12月～1975年4月30日

ソ連のスプートニク1号は1957年10月4日に打ち上げられた、世界初の人工衛星です。人工衛星打ち上げでソ連に遅れをとったアメリカは、1958年1月31日にエクスプローラー1号を打ち上げました。人工衛星の打ち上げ競争は、軍事利用を意識したものでした。核保有国である米ソの冷戦時代が到来しました。そして、1962年10月14日～28日、米ソ間の冷戦の緊張が、核戦争寸前まで達したと言われています。いわゆるキューバ危機です。

このような時代に、インターネットの起源とされるARPANET（Advanced Research Projects Agency Network）は、アメリカ国防総省の高等研究計画局が資金を提供したプロジェクトとして開始され、１９６９年10月29日にカリフォルニア大学ロサンゼルス校とスタンフォード研究所の間で、初めて通信に成功しました。情報革命の始まりです。ARPANETでは、「パケット交換」という通信方式を採用しました。その理由として、「核攻撃下での通信の生き残りのため」とする説があります。インターネットは軍事研究から生まれました。そして、民生利用が始まり、世界に広がっていきました。「兵」（軍事）のために生まれ、「食」（経済）を変えるグローバリゼーションを生みました。もはや、ビジネスでも生活でも、インターネットのない世界は想像できません。では、「信」（信頼、信用、信義）へ、インターネットはどのような影響を与えたでしょうか。振り返ると、今日のネット人権侵害の遠因は、米ソの軍拡競争にありました。

2　ネット人権侵犯の潮流

総務省の統計によると、国内のインターネット利用人口は毎年増加し、平成23年末時点で９６１０万人（国民の79・１％）に達しています［１］（図１－１）。端末別でみると、「自宅のパソコン」が62・６％、次いで「携帯電話」（52・１％）、「自宅以外のパソコン」（39・３％）と

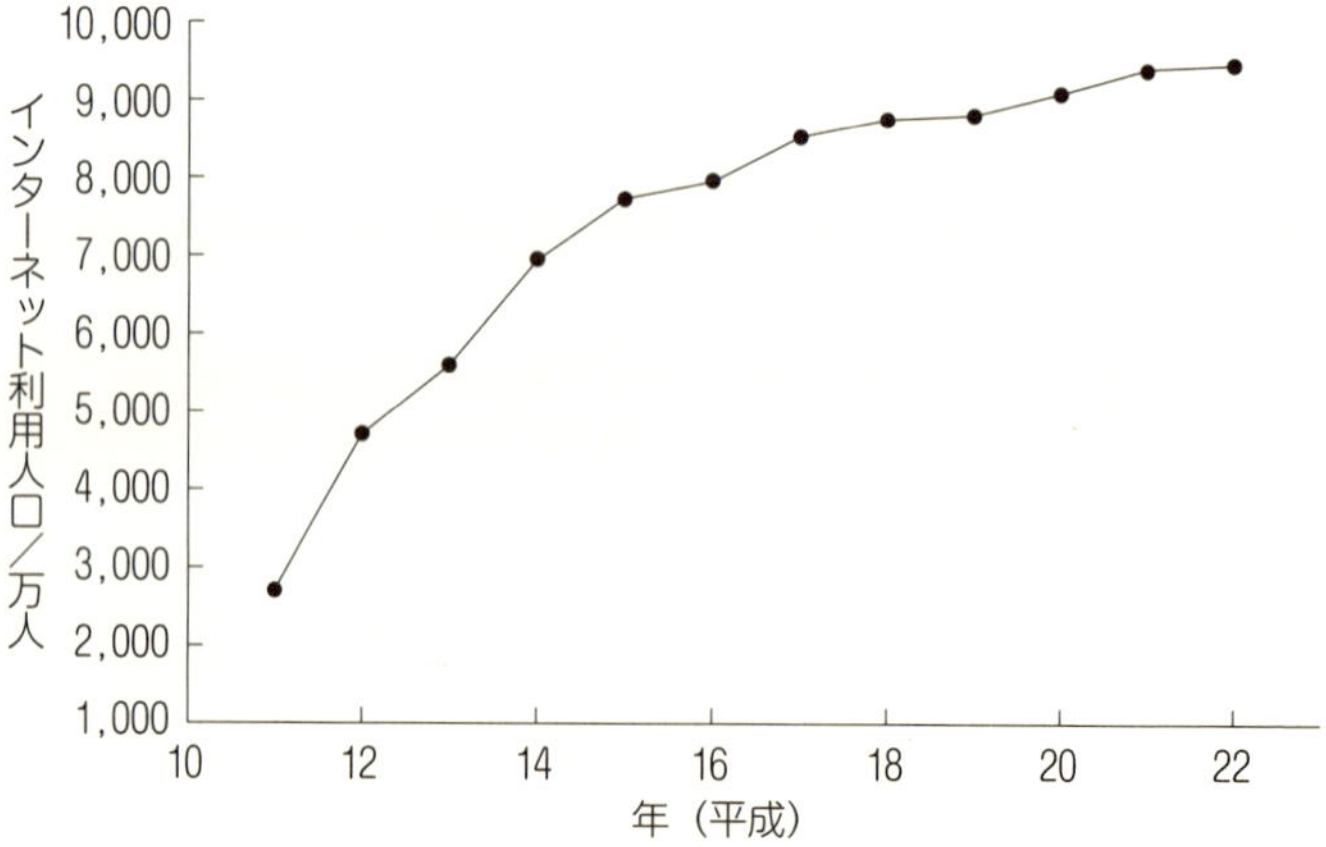

図１-１　インターネット利用人口の推移［１］

表１-１　インターネット利用端末の種類と割合（平成23年末）［２］

種　　類	割合（%）
インターネット利用率（全体）	79.1
自宅のパソコン	62.6
携帯電話	52.1
自宅以外のパソコン	39.3
スマートフォン	16.2
家庭用ゲーム機・その他	6.0
タブレット型端末	4.2
インターネットに接続できるテレビ	4.1

当該端末を用いて平成23年の１年間にインターネットを利用したことのある人の比率を示す。

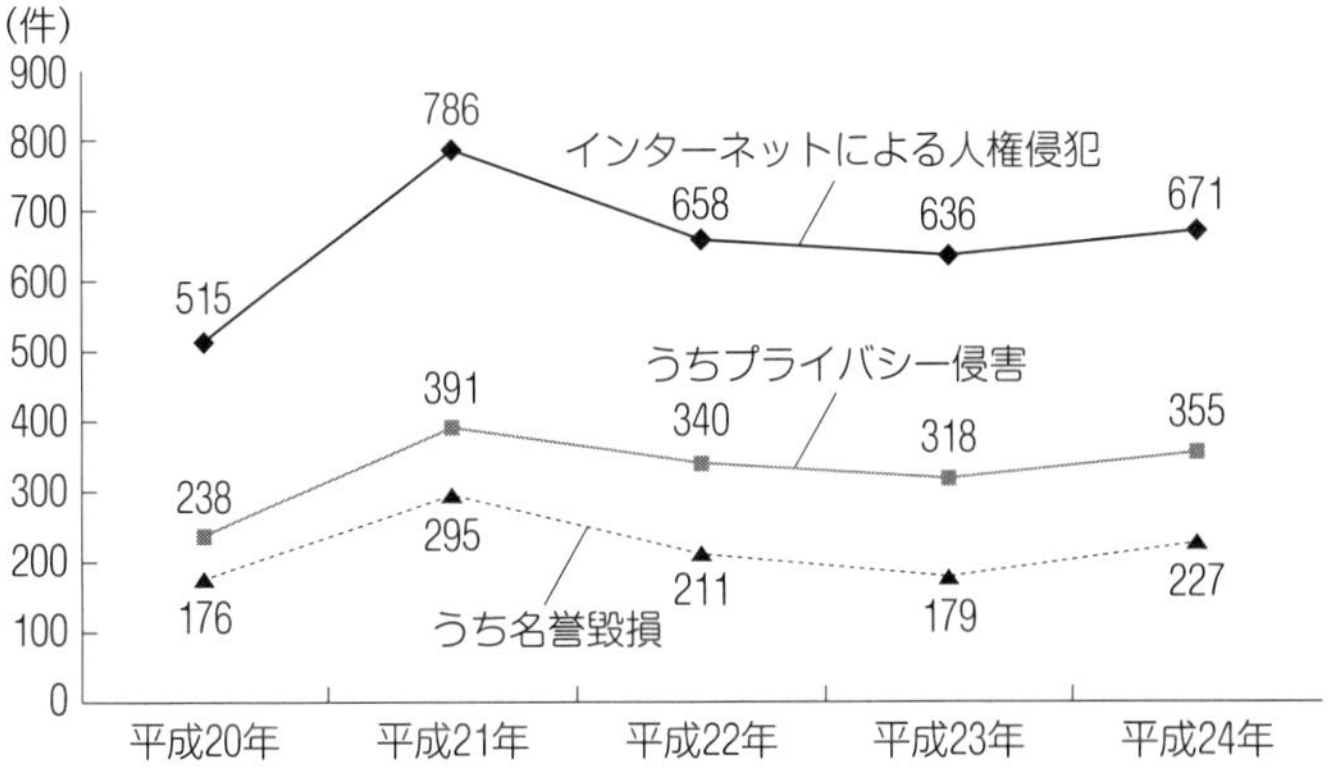

図1－2　インターネットを利用した人権侵犯事件の推移［3］

なっており、スマートフォンは16・2%となっています［2］（表1－1）。人権侵犯事件は毎年500～800件という高い水準で推移しています［3］（図1－2）。平成24年中に新規に開始したインターネットを利用した人権侵犯事件数は、671件で、このうち、プライバシー侵害が355件、名誉毀損が227件となっており、この2種類で全体の86・7%を占めています［3］。近年、この2種類の人権侵犯が80～90%を占めています。図1－2に記された数は、法務省が把握している件数です。法務省あるいは法務局に相談をしない限り、法務省は把握できません。つまり、図1－2は、氷山の一角に過ぎません。

　インターネット関係の人権侵害の特徴として、匿名による加害の容易性、被害の急速な拡大、被害の回復の困難性、が挙げられます。インターネット関係の人権侵害は、事件として表にでにくい性質があるため、実態としては人権侵害の相当の割合を占める可能性が出てきています。他方、２００５年4月1日に、個人情報保護法が完全施行されました。この法律は、インターネットに代表されるコンピュータネットワークの進展に伴い、「プライバシー権」を「自己情報コントロール権」としてとらえる必要が強まったために作られました。

インターネットと関連する問題として、不正アクセス、ウイルス作成、出会い系サイトに起因するトラブル、集団自殺、詐欺、もありますが、紙面の関係で、本著では触れないことにします。

3 ネットユーザーの心理と行動

書き言葉は「意識」と「話すこと」の直接的な関係を途切れさせるとプラトンは指摘しました［4］(p. 21)。電話も、直接対面することの不完全な代替手段であり、誤解やそれに伴う良くないことを引き起こしかねないと思われました［4］(p. 10, 21)。同様のことが携帯電話やインターネットでのコミュニケーションでも懸念されます。対面で話すことがコミュニケーションの最良の手段であることは疑いありません。表情、語調、身振りの中に、「意識」を表現する情報が含まれているため、それらが欠落した手段は、コミュニケーションを正確に行うことを目的とする場合には好ましいとは言えません。

人間は対面での他者とのコミュニケーションにおいて、相手の表情に対して同調的な表情を表出することができます。そして、表情などの非言語的コミュニケーションが双方の理解を深める助けとなっています。インターネットという世界では、このような非言語的コミュニケーションを行うのが困難です。

次の4点がインターネット利用者の陥りやすい心理と行動の特徴と考えられます。

①電子メールの返事をもらうまでの時間で相手における自分の位置づけを計ります（電子メールは親しくする相手を選択するツールになりえます）。

②掲示板やチャットやブログを自分の「居場所」ととらえるがために、トラブルの回避が困難な場合は、攻撃性を高めていきます。せっかく見つけた「居場所」への侵入は許しません。

③匿名、偽名、ハンドルネームを利用して、現実から逃避します。

④生きる目的が現実では見出せずに、「居場所」を求めて、仮想現実の世界にのめりこみ

ます（オンラインゲームなど）。

また、電子メールでのコミュニケーションについて次の分析がなされています［4］(p. 34)。

(a) 地理的な位置、職種、年齢、性別が伝達されにくいです。

(b) 自己言及的になります。

(c) 自己抑制が容易でなく、相手の対応に応じた瞬時で適切な応答も容易ではありません。

(a)は「匿名性」とも共通する要素で、脱抑制的な行動を助長すると指摘されています［4］(p. 35)。(a)～(c)において、「電子メール」を「掲示板」「ブログ」「ミクシー」「Facebook」「Twitter」「LINE」に置き換えても当てはまるように思われます。「脱抑制的な行動を助長する」というインターネットにおけるコミュニケーションの特徴が、「捕まりにくいと思われやすい」という実状と相俟って「人権侵害」を引き起こす要因となっていると考えられます。また、人権侵害を行うことを恥と感じなくなってきているように思われます。

4 おわりに

軍事目的の通信技術が民間に転用され、世界経済の発展に多大な貢献をしました。国際化はインターネットの功績によるところ大です。そして、その副作用として、ネット人権侵害が起こりました。「国境」で法治国家の境界が決まります。しかし、インターネットの世界に「国境」はありません。ネット人権侵害にも「国境」がないのです。本著では、この副作用の実像に迫り、解消策を探してみます。

参考文献

［1］http://www.soumu.go.jp/johotsusintokei/field/data/gt010101.xls
［2］http://www.soumu.go.jp/johotsusintokei/whitepaper/ja/h24/html/nc243120.html
［3］http://www.moj.go.jp/JINKEN/jinken03_00168.html
［4］A・N・ジョインソン著、三浦麻子・畦地真太郎・田中敦訳『インターネットにおける行動と心理』北大路書房、２００５年

（吉冨康成）

第2章　人権侵害を招くインターネットの正体

若者を中心として，SNS がコミュニケーションの主な場になりつつあります。サイバースペースと言えば，響きは良いかもしれませんが，責任感が希薄な人あるいは危機意識の低い人にとっては，過ちを犯しかねない危険がここに潜んでいます。ネット人権侵害は，インターネット社会の影の部分です。本章では，ネット人権侵害について考える上で必要となるインターネットに係る知識について述べます。

1　ネット人権侵害に関する基礎知識 1

最初に、インターネット上の人権侵害を考える上で必要な基本的な考え方や、用語、特性について知るため、「公然」「炎上」「回復の困難性」を説明します。

(1) 公　然

まず、「公然」について説明します。インターネット上の書き込みが人権侵害となるかを判断する上で、「公然性」の理解が必要です。刑法の名誉毀損罪および侮辱罪では、「公然性」を成立要件にしています。ネット上でだれでも見られる場合は、「公然」です。友達登録が必要なサイトでは、何人の人が見られるか、ケースバイケースです。何人が見られたら「公然」と言えるかの法的な基準はありません。裁判所では、たとえば、10人以上、20人以上、など具体的な基準を示してはいません。メールの場合も同様です。1対1のメールでは、「公然」とは言えませんが、複数の相手に名誉毀損や侮辱の内容を含むメールをした場合、何人以上なら「公然」と言えるかの基準を裁判所は示していません。各裁判で、事件ごとに「公然」かどうかが判断されます。ここで注意すべきは、見たかではなく、見られる状態にしたかが問われるという点です。友達申請していた全部で１００人が見られる状態であったが、たまたま２人しか見なかったとしても、１００人が見られる状態であったことが重視されます。また、伝搬可能性についても、公然性の成立可否判断で考慮されます。

(2) 炎　上

これは、ブログなどＳＮＳの書き込みに対して、大量のアクセスがあったり、批判的なコメントが集中したりする状態です。ネット人権侵害の書き込みも対象になりえます。この炎上は、「公然」かどうかの判断の必須要件ではありません。しかし、裁判においては、裁判官の心証に影響する可能性があります。ネット検索に「炎上」と入力すれば、多数の事例が見つかります。テレビや新聞で報道された事件の関係者の実名入りの書き込みに対して、「炎上」の状況が起こることがあります。「炎上」を起こした書き込みの中には、一般人の顔写真が掲載されているものもあります。

(3) 回復の困難性

インターネット上の事件は急激に拡散します。名誉毀損や侮辱など人権侵害の書き込みが行われた場合、その書き込みを引用して他の人が書き込みを日常的に行っています。書き込みを他のユーザーが再書き込みすることも珍しくありません。「拡散希望」と付記することで、その書き込みの引用書き込み、再書き込みを促す場合もあります。このため、人権侵害の書き込みを削除したり、訂正の書き込みをしたりしても、すでに、その書き込み内容は、ネット上で拡散してしまっている可能性が高いと考えるべきなのです。このため、一度書き込めば、名誉回復はとても困難なのです。インターネット上の書き込みの一つの特徴である「回復の困難性」は、人権侵害かどうかの判断に不可避な要件です。

（吉冨康成）

2

ネット人権侵害に関する基礎知識　2

つぎに、近年利用が広がるとともに、ネット上での人権侵害が行われる可能性が高いコミュニティサイトから、距離を置く方法やリスクを下げる方法について考えてみます。

（1）アクセス制限・友達申請

近年、ネット環境の整備やスマートフォンの若年層への普及により、コミュニティサイト（SNS・プロフィールサイトなど、ウェブサイト内で多人数とコミュニケーションがとれるウェブサイト）に登録している若者が増えています。株式会社リクルートマーケティングパートナーズが運営する、リクルート進学総研の２０１３年の調査報告によると、高校生の55％がスマートフォンを所有し、その所有率は２０１１年の３・７倍となっています［1］。なお、高校生のコミュニティサイトの利用率では、一位が「LINE」、二位が「Twitter」、三位が「Facebook」となっています［1］。

コミュニティサイトの利用が広がるに伴い、ネット上での人権侵害が行われる可能性が高まっています。利用者には、自身のサイトを不特定多数に公開する人もいれば、公開したくないと思う人もいます。そこで、サイトのサービス会社によっては、アクセス制限の機能を設けている場合があります。アクセス制限によって、特定の者だけが、ユーザーのサイトの中を閲覧することができるようになります。アクセス制限の方法としては、主に3つあります。一つ目は、パソコンからサイトにアクセスできなくする方法です。この場合、携帯電話からアクセスする必要があります。二つ目は、サイトにパスワードをかけて、パスワードを知っている者だけがアクセスできるようにする方法です（図２－１）。そして、三つ目は、友達申請を出してき

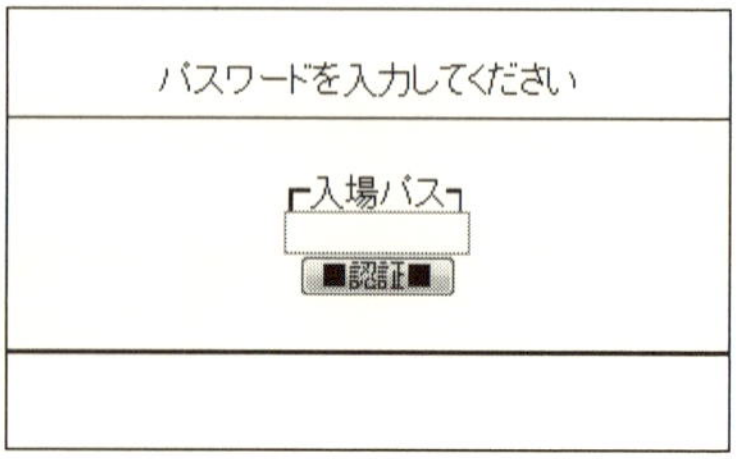

図2－1　パスワード入力画面

図2－2　友達限定の記事へのアクセスボタン

た者に対して許可した場合に閲覧可能になる方法です（図2－2）。パスワード制限または友達限定を利用した場合、通常のネットパトロールで書き込みを取得することが不法行為となります。つまり、警察の犯罪捜査や裁判を除けば、書き込み内容を第三者が知ることはできません。携帯のみアクセス可能にするためには、アクセスできるIPアドレス（インターネット空間での電話番号のような数字）を限定しています。スマートフォンの普及が進むに伴い、このアクセス制限はなくなるでしょう。

（２）出会い系

他方、インターネットの普及に伴って、「出会い」に関してのトラブルが問題になっていきました。警察庁の２０１３年９月12日付の「平成25年上半期出会い系サイト等に起因する事犯の現状と対策について」の報告〔２〕によると、出会い系サイトに起因する「出会い」による被害児童数と検挙数はともに減少傾向にありますが、コミュニティサイトに起因する「出会い」による被害児童数と検挙数は平成24年に比べて増加しています（図２-３）。これは、「LINE」に代表される無料通話アプリの普及が、大きな要因となっていると考えられます。何故、無料通話アプリを利用した「出会い」が増えたかというと、連絡先の交換の気軽さにあるかもしれません。電話番号やメールアドレスを教えることには抵抗を覚えるという人もいると思います。しかし、無料通話アプリでは、ＩＤを交換するだけで、通話やチャットができるようになります。もし相手とのやり取りをするのが嫌になれば、相手の連絡がくるのを拒否する機能（ブロック）があります。また、アプリ自体をアンインストールするという手段もあります。これらのことから、軽い気持ちでＩＤを交換するケースが増えているものと思います。

そのＩＤを交換する場としては、掲示板アプリが挙げられます。スマートフォンのアプリ検索で「LINE 掲示板」と入力すれば、大量のＩＤを交換できるアプリが見つかります。掲示板アプリを利用してユーザーがＩＤを掲載し、興味のある文章を投稿しているユーザーとＩＤを

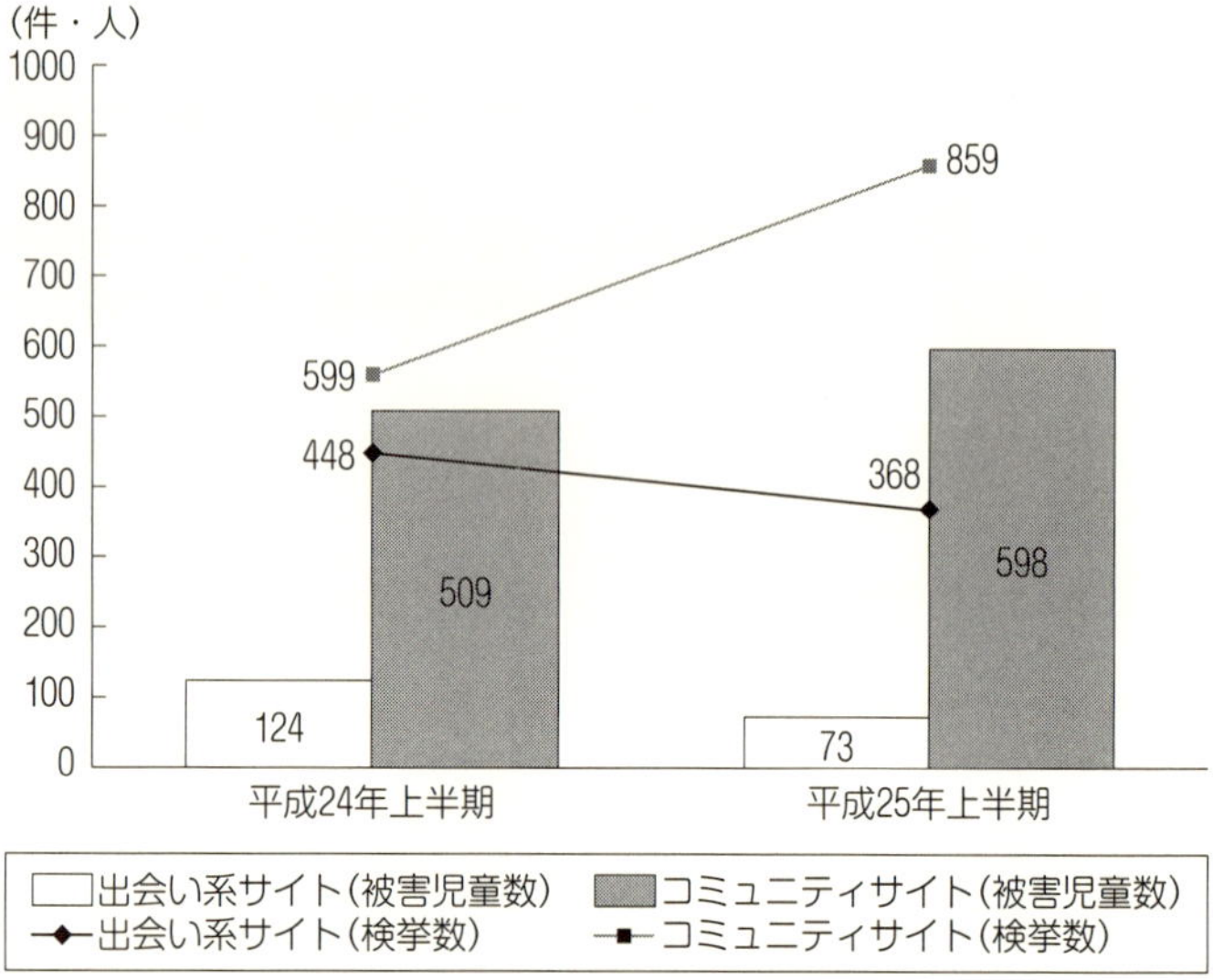

図2－3　出会い系に起因する事案数

（参考文献［2］記載のデータを基に作成）

交換する仕組みとなっています。話し相手を募集していることもあれば、援助交際の募集をしていることもあります。また、有料サイトへ誘導する場合もあります。

不適切なＩＤの交換を防ぐため、LINEでは18歳未満のＩＤ検索機能が停止されています。そのため、ＩＤ検索をするには、年齢認証を行う必要があります。その際、キャリア（携帯電話会社）に登録された情報を元に年齢認証を行うので、嘘の年齢を入力することはできません。

（加藤亮太）

3　ＳＮＳはなぜ人権侵害の温床になるのか

人権侵害の可能性のある書き込みが、ＳＮＳの中で多数見られます。ＳＮＳが人権侵害の温床となっています。なぜ、温床となっているのか、４つの原因が考えられます。

ＳＮＳが人権侵害の温床となる一番の原因は、「匿名性」にあると考えられます。「匿名」という状況では、「脱抑制的な行動を助長する」と考えられます。また、「捕まりにくいと思われやすい」という実状と相俟って「人権侵害」を引き起こす要因となっています。

二番目の原因は、刑法の名誉毀損罪、侮辱罪が親告罪であるためと考えます。親告罪ですから、被害者が、告訴しなければ、処罰されません。現行犯逮捕もできないのです。被告が匿名で特定できない場合でも告訴はできます。しかし、民事訴訟の場合は、被告の特定なしに提訴したとしても、証拠を原告側で集める必要があるため、勝訴するためのハードルは高いと考えるべきです。書き込みや画像の削除をＳＮＳのサービス会社に要請することはできますが、名誉毀損、侮辱、プライバシー侵害など人権に関することは、削除の必要性を判断することが容易でないケースが多く、ＳＮＳのサービス会社が協力してくれるかどうかわからないと考えるべきです。法務局など公的機関に協力依頼するのが、現状では最良の選択でしょう。被害者本人が直接ＳＮＳのサービス会社に削除要請するよりは削除してもらえる可能性が高まるでしょう。しかし、たとえば、名誉毀損の成立要件となりうる真実性の証明に関しては、重要な部分、主要な部分についてのみ真実であれば名誉毀損とならない、という最高裁判所の判例があります。そのため各裁判では、その判例を根拠に裁判官がどの部分を重要、主要と認めるかを決めた上で判決を出すことになります。その裁判官の選択によって判決が左右されるのです。また、どの部分を重要、主要と認めるかの基準はどこにもなく、裁判ごとに判断されています。ここで述べたように、今の法制度では、刑事、民事のいずれにおいても、ネット人権侵害の被害者が救済される可能性は高くないのです。ネット人権侵害の加害者が刑事罰を受けた、あるいは、損害賠償を命じられたという判決がマスコミでどんどん取り上げられれば、ネット人権侵害は減るでしょう。しかし、そのような展望は見えません。

ＳＮＳが人権侵害の温床となる三番目の原因は、交流の場をプライベートな場所と誤認しやすいことにあると思われます。知人とのやり取りを世界中の人が見られる状況にあることを認識していないと思われるユーザーが少なくありません。飲み屋での会話は、近くの人にしか聞こえませんが、ＳＮＳでの書き込みは、アクセス制限しない場合には、「公然」となります。ましてや、匿名で書き込む場合は、責任感が希薄になるのも頷けます。

ＳＮＳが人権侵害の温床となる四番目の原因は、使用の容易性でしょう。簡単に、書き込み、応答書き込み、再書き込みができます。そして、クリックで、世界に発信できます。発信までの各操作が、ますます簡単になりつつあるので、「ちょっと待てよ」と思いとどまる暇もなく、発信されてしまうのです。特に、仲間と考えていない他者に関する書き込みには、躊躇がなくなるのでしょう。その書き込みが人権侵害となる可能性があったとしても。

（吉冨康成・太田桂吾）

4
そこに危険が潜んでいる

ここで言う危険は、「人権侵害される危険」と「人権侵害する危険」の2つです。

まず、「人権侵害される危険」は、自身による画像のアップまたはメール送信、個人情報の書き込み、不用意な書き込みにより生じます。一度、他人が入手できる状態になってしまえば、世界中に拡散しえるのです。そして、拡散したすべてを削除することは現実的に不可能です。今の法制度では、刑事、民事のいずれにおいても、ネット人権侵害の被害者が救済される可能性は高くないので、自分の身は自分で守るという自覚が必要です。ＳＮＳの操作がますます簡単になってきたからこそ、「ちょっと待てよ」と思いとどまる習慣をつけてください。学校での教育も大切ですが、自分の身は自分で守るという自覚の方がもっと有効です。愛憎とアルコールは、判断能力を低下させるので、用心してください。たとえば、10代で不用意にアップした画像や書き込みが、30代になって検索で見つかり、人権侵害のネタにされることもありえるのです。

他方、「人権侵害する危険」は、誰にも内在していると思います。他者を攻撃してストレスを解消しようとする欲望は根源的なのでしょう。特に、仲間と思っていない対象に対しては、躊躇がなくなるのかもしれません。ＳＮＳの操作がますます簡単になってきたこと、匿名性が透明人間になったかの錯誤を与えることも、他者を攻撃することを踏みとどまりにくくしていると思います。繰り返しになりますが、愛憎とアルコールは、理性的な判断能力を低下させるので、特に用心してください。結局は、「人権侵害する危険」に対する対処策も、自覚に行きつくのです。

まさにこの「自覚のなさ」に２つの危険が潜んでいるのです。その自覚を培うためには、徳育が必要だと思います。

（吉富康成・太田桂吾）

5　おわりに

インターネットの開発には、「倫理」や「人権」は考慮されていません。元々が軍事研究なので、当然と言えば当然でしょう。インターネットは、非対面コミュニケーションで、かつ、多くの場合、匿名で利用できます。透明人間であるかのような錯誤を与えられるがために、別の人間として振舞いたいという邪念を起こしかねない場が出現したのです。現実世界では、面白くないことが多いでしょう。だれもがそうだと思います。他者を攻撃してストレスを解消しようとする欲望は根源的なのでしょう。インターネットは、その人間の根源的欲望に応える場を作ってしまいました。

（吉冨康成）

参考文献

［1］リクルート進学総研「高校生のＷＥＢ利用状況の実態把握調査　2013」
http://souken.shingakunet.com/research/2013_smartphonesns.pdf　２０１３年

［2］警察庁「平成25年上半期の出会い系サイト等に起因する事犯の現状と対策について」
http://www.npa.go.jp/cyber/statics/h25/pdf02-1.pdf　２０１３年

第3章　ネット人権侵害

人権侵害の判定については，裁判所にしかその権限がありません。このため，本章で述べる，ネットパトロールで収集した事例は，「人権侵害の可能性のある書き込み」という位置づけになります。そのような書き込みを行う人物像についても分析してみます。そして，対策の糸口を探してみましょう。

1　ネット人権侵害ナウ

2013年7月24〜8月30日、9月20〜27日の期間の書き込みを対象に、ネットパトロールを実施し、人権侵害で用いられる可能性が高い言葉30語（第3章第2節に例示）、個人情報につながる言葉14語（メールアドレスに記される文字列〔docomo. ne. jp 等〕など）、計44語のうち1語以上が使われている書き込みを取得しました。そして、取得した書き込み合計22万9333件から無作為に選択した9万3529件を対象に、人権侵害の可能性のある書き込みが100件を超えるまで収集しました。収集件数101件（書き込み日：7月24日〜8月29日、9月20〜27日）。9月分については、「障碍者」に係る書き込みの収集件数を増やす目的で追加したものです。ネットパトロールシステムについては、第6章に説明されています。図3－1、図3－2に、収集した全書き込みにおける、書き込み者の年齢区分、性別の内訳を記しました。今回収集分では、ネット上での人権侵害の可能性がある書き込み者の年齢区分として、不明2を除くと高校生が一番多くなりました。

また、男性の割合が高かったです。本著では、便宜的に、人権侵害の可能性がある書き込みを、「外国人」「同和問題」「障碍者」「その他」に係る書き込みの4種類に分類しています。

次に、「外国人」に分類される書き込みの場合の、年齢区分と性別の内訳を図3-3と図3-4に示します。「外国人」に分類される人権侵害の可能性のある書き込みが、4つの分類の中で最も多く50件見つかりました。また、年齢区分では、不明2の割合が88%で大多数となりました。性別では不明の割合が高く、68%を占めています。「外国人」に係る書き込みでは匿

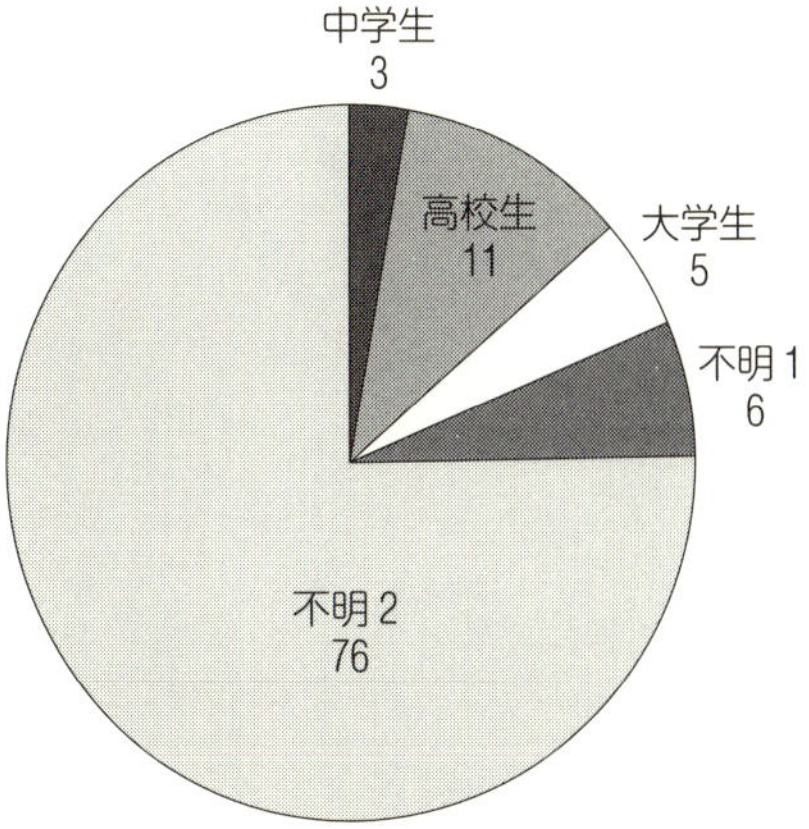

図3-1　書き込み者の年齢区分

（全収集分）；不明1：中学生，高校生，大学生のいずれか，不明2：社会人，その他

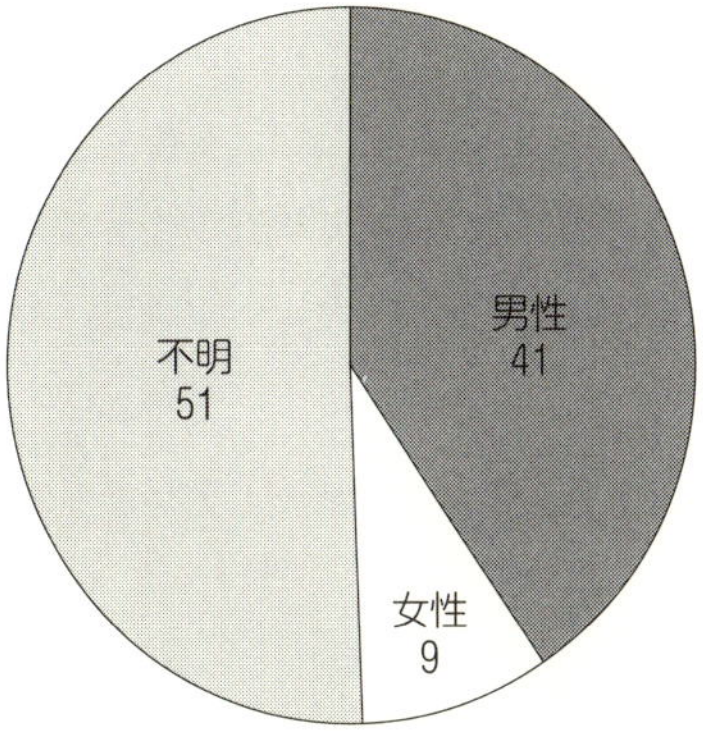

図3-2　書き込み者の性別

（全収集分）

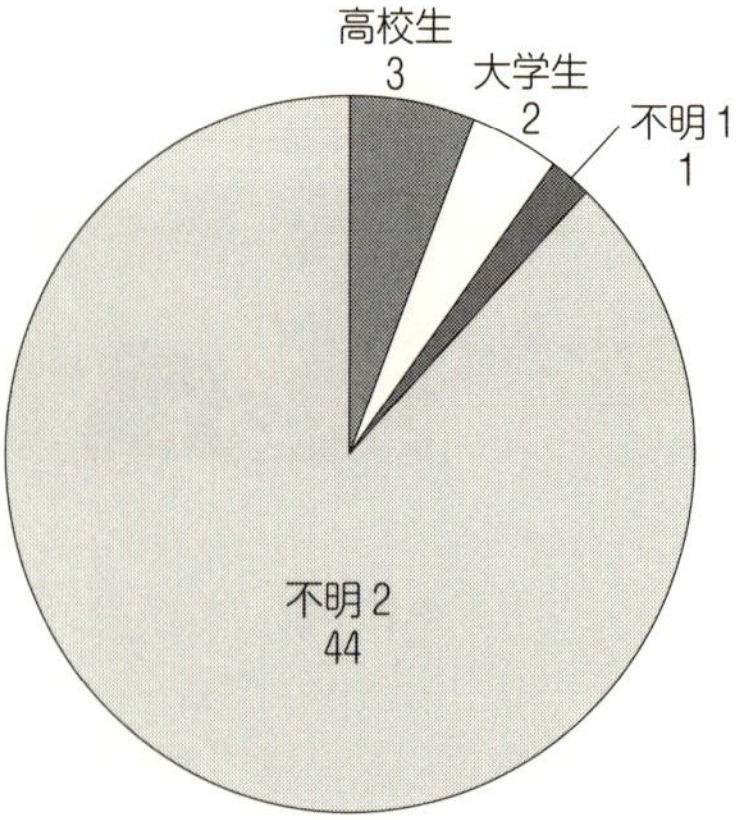

図３‐３　書き込み者の年齢区分
（分類：「外国人」に係る書き込み）；不明１：中学生，高校生，大学生のいずれか，不明２：社会人，その他

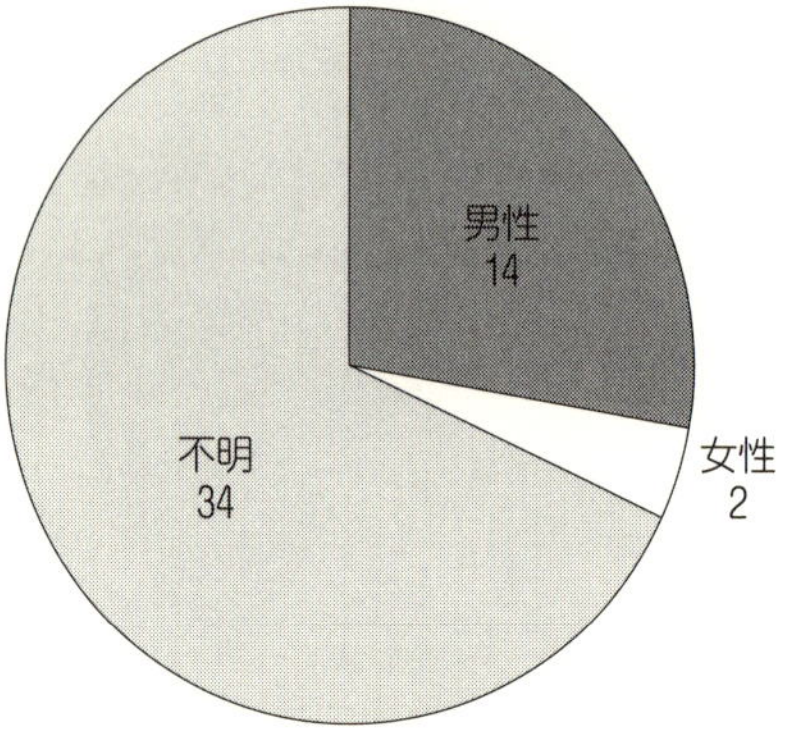

図３‐４　書き込み者の性別
（分類：「外国人」に係る書き込み）

名が多く、人権侵害を行うためだけにアカウントを取得していると思われるケースがいくつかありました。

「同和問題」に分類される書き込みの場合の、年齢区分と性別の内訳を図３‐５と図３‐６に示します。「同和問題」では、９件の書き込みが見つかりました。これは、４つの分類の中では最も少ない数です。これは、「同和問題」に係る言葉が、他の分類に比べて少ないことが影響しているかもしれません。高校生による1件の書き込み以外は、不明2の区分でした。生徒、学生の書き込みが少ない理由として、「同和問題」に係る人権侵害の言葉は、生徒、学生にとって身近な言葉ではなく、日常で使うことが少ないからだと思われます。性別で見てみると、女性の書き込みは見つかりませんでした。

次に、「障碍者」に分類される書き込みの場合の、年齢区分と性別の内訳を図3－7と図3－8に示します。中学生、高校生、大学生による書き込みの合計が16件で、全体30件の半数以

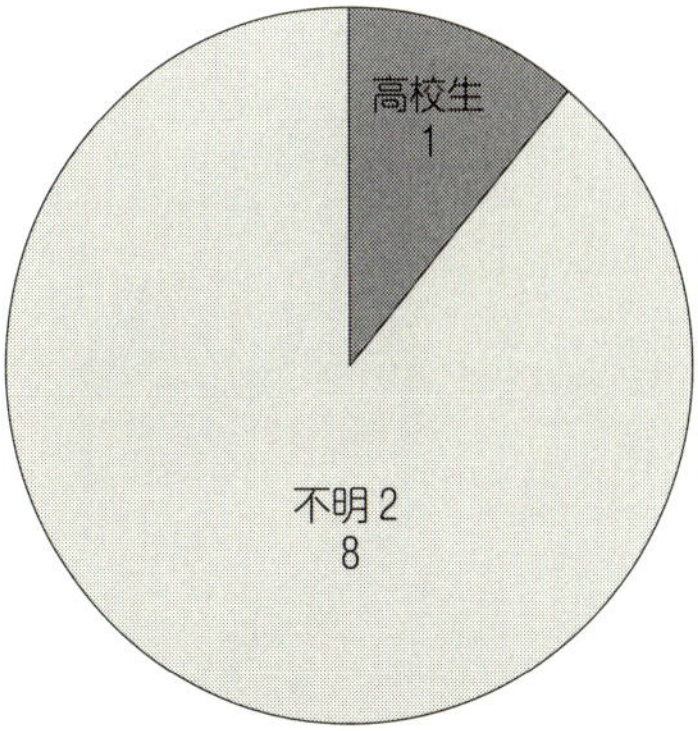

図3－5　書き込み者の年齢区分
（分類：「同和問題」に係る書き込み）；
不明2：社会人，その他

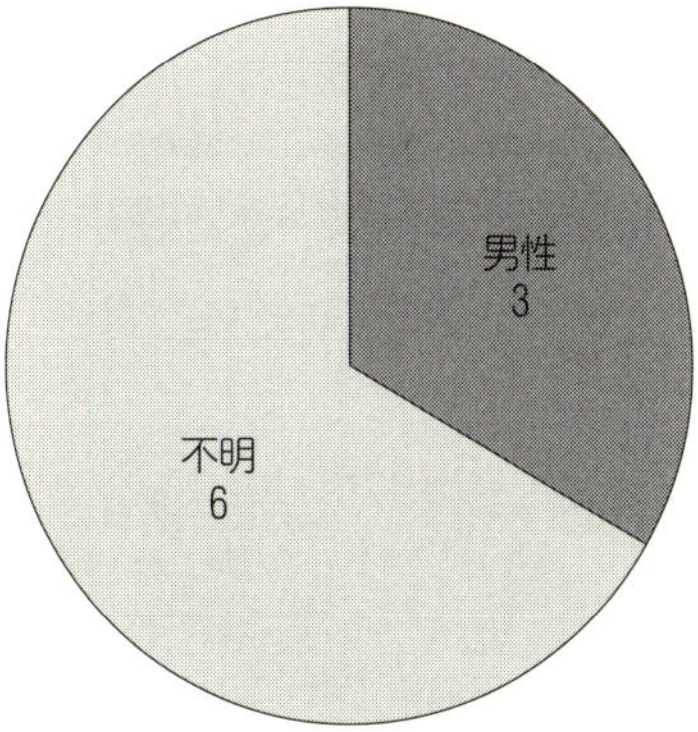

図3－6　書き込み者の性別
（分類：「同和問題」に係る書き込み）

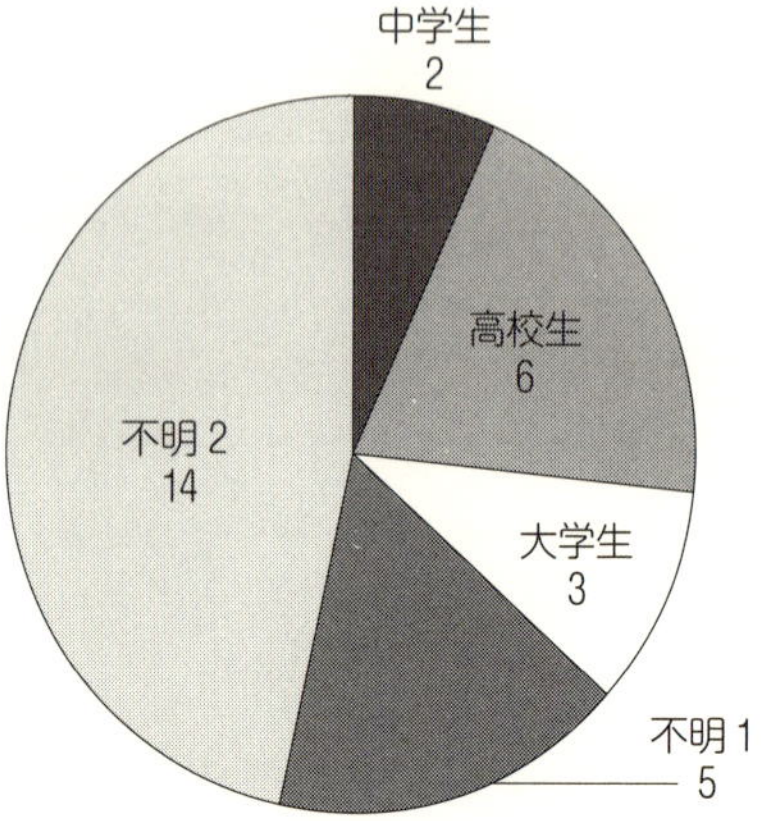

図 3－7　書き込み者の年齢区分
（分類：「障碍者」に係る書き込み）；不明1：中学生，高校生，大学生のいずれか，不明2：社会人，その他

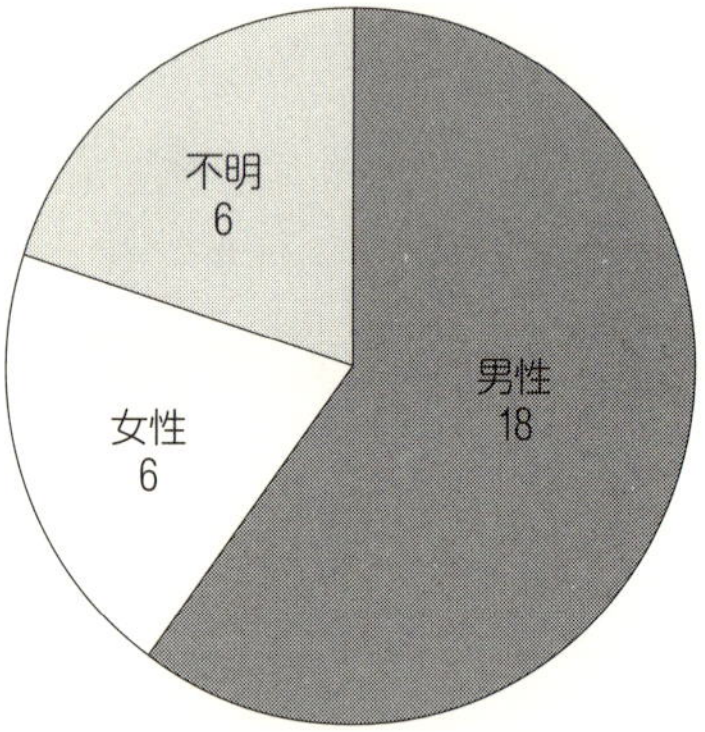

図 3－8　書き込み者の性別
（分類：「障碍者」に係る書き込み）

上でした。生徒、学生による書き込みの割合が多いのが、この分類の特徴です。他の分類と比べると、書き込み者の年齢範囲が広いと見ることもできます。性別については、他の分類に比べて女性の割合が高くなりました。

「その他」に分類される書き込みの場合の、年齢区分と性別の内訳を図3－9と図3－10に示します。「その他」では、12件の書き込みが見つかりました。書き込みの数は「同和問題」の分類と大差なく、年齢区分の内訳も類似しています。しかし、性別の内訳では「同和問題」

と比べて、不明が少なく、男性の割合が高くなりました。

（加藤亮太・上田裕果）

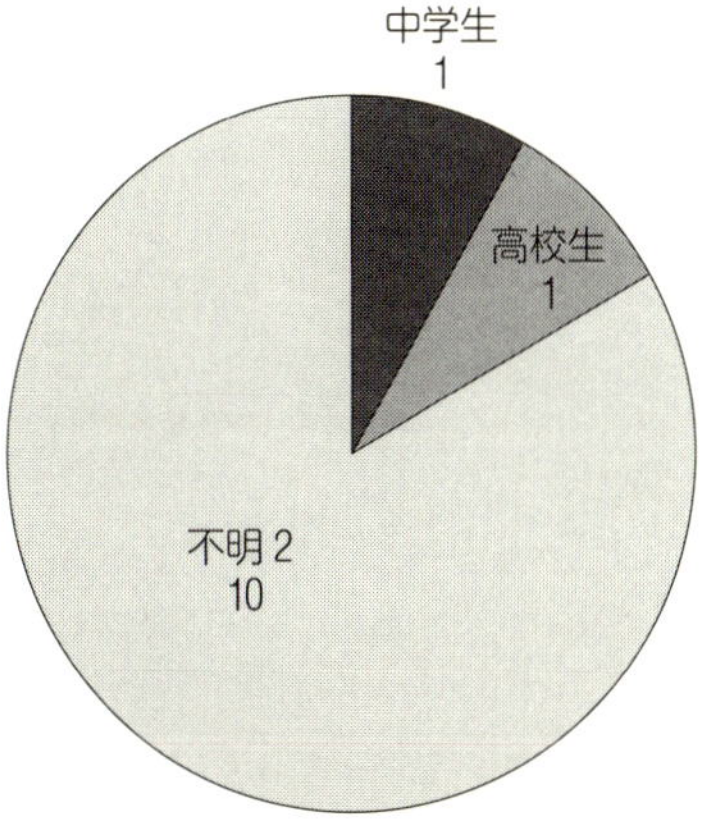

図3－9　書き込み者の年齢区分
（分類：「その他」 の書き込み）；不明2：社会人，その他

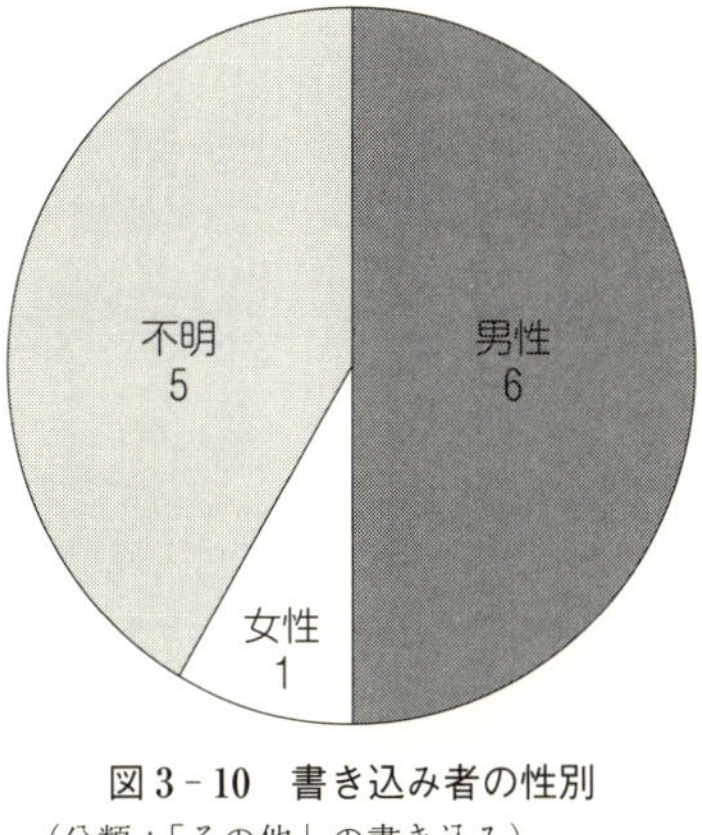

図3－10　書き込み者の性別
（分類：「その他」 の書き込み）

2 分析してみよう

本節で挙げる事例には、極めて差別的な表現がありますが、これら書き込みが「人権侵害」に大いに関わることを示し、ネット上での人権侵害への対策の糸口を探るために再現しています。

「外国人」「同和問題」「障碍者」「その他」に分類された「人権侵害」の可能性のある書き込みについて分析してみます。ここでは、実例を基にしていますが、個人名、ＳＮＳのＩＤ（＠に続く文字列など）、書き込み自体が特定される可能性がある部分は、伏せ字（○、△、□、●、▲、※、×）で表記またはアルファベット表記としています。また、人権侵害に係ると考えられる言葉は、丸で囲んでいます。

①　外国人を軽蔑する言葉の使用例1

書き込み者の性別と年齢は不詳でした。一日の書き込み数は10～１００件で、書き込みの多くは、政治家や在日中国人、在日韓国人、在日朝鮮人に対する批判で占められていました。人物を批判する際には、上の例で○または△になっている部分のように、名前に外国人を軽蔑する言語を挿入することがありました。上の例以外でも、個人名を挙げて「打ち殺していい」といった過激な書き込みをすることがありました。

> ○○穢多○はいくら日本を駄目にすれば気が済むんだ。これを※※としている△△ちょん△のお里が知れる。※※※※※擁護している奴等は※※※※※へたれである。

図3－11　外国人を軽蔑する言葉の使用例1

自分のことを愛国心がとても強く、排外主義者と自負していました。また、政治が気に入らないようでした。そのような心境から、政治家に対する批判、在日外国人に対する批判を強めているのではないかと考えられました。

ＳＮＳ上での活動は、大抵が他者の書き込みに対する応答の書き込みでした。他者の政治や中国、韓国に関する書き込みに不満がある際に、喧嘩腰で絡んでくることがとても多いように思われました。

②　外国人を軽蔑する言葉の使用例2

書き込み者の性別と年齢は不詳でした。一日の書き込み数は平均約13・6件でした。書き込み者の書き込みの特徴は、応答する書き込みが自身の書き込みよりも多いことでした。そして、書き込みおよび応答する書き込の内容としては、韓国・北朝鮮・中国といった外国を批判するものや、ある政党や人物、マスコミを批判するものがほとんどでした。なかでも特にマスコミのことを嫌っているようでした。上記の例のように、書き込み者は「チョン」という、特定の国籍の外国人を軽蔑する言語をよく用いており、「チョンコロ」や「チョン鮮人」といった使い方もしていました。また、「死ね」といった過激な表現を使う時もありました。

書き込み者は複数のＳＮＳでアカウントを持っていました。上記例のＳＮＳと異なるＳＮＳでは直近の書き込みはしていませんでしたが、過去の書き込みを見てみると、韓国や北朝鮮、中国の批判を繰り返していました。

> 犯人の親は，チョン屑。※※事件の担任教師はチョン。※※母子犯人もチョン。チョンはダメダ。@●●●●@▲▲▲▲　※※※殺人事件の母親は被害者の墓を※※※※。

図3－12　外国人を軽蔑する言葉の使用例2

③ 外国人を軽蔑する言葉の使用例3

書き込み者の性別と年齢は不詳でした。一日の書き込み数は平均約2件でした。書き込みの頻度は少なく、何日も書き込みをしないこともありました。書き込みの内容としては、中国や韓国や北朝鮮を批判するものが主でした。書き込み者は、上記の例のように、ニュースを引用して批判するという形式を取っている場合が多く見られました。こういった批判のなかで、「チョン」や「支那」といった外国人を軽蔑する言葉を使用していました。他には、「処刑しろ」や「死ね」「殺せ」などといった過激な言葉も使用して、非常に悪質な書き込みをしていました。また、過激な言葉を使用する際には、外国人差別を助長すると解される書き込みをしていることもありました。

書き込み者は、書き込みの背景に、特定の中国人の顔を毀損する加工を施した画像を使っていました。

> 死刑だ，この馬鹿チョンは。
> D 事務総長が日本に異例の注文 「歴史顧みること必要」 韓国訪問し― MSN 産経ニュース

図3－13　外国人を軽蔑する言葉の使用例3

④ 外国人を軽蔑する言葉の使用例4

> ※※※発言するとかＤ事務総長になれるような人間でもチョンならクソっぷりは変わらない。さっさと辞任してください。

図3－14　外国人を軽蔑する言葉の使用例4

書き込み者は男性で、大学生でした。一日の書き込み数は平均１・９件でした。主として、野球やサッカーについて書き込んでいました。野球に関しては、ファンである球団や選手のことだけでなく、幅広く他の球団や選手について応援等の好意的な書き込みをしていました。書き込み者は韓国を非常に嫌っているようで、野球界で韓国籍と言われている選手に対して、外国人を軽蔑する言葉を使用していました。特に「チョン」を使用する傾向があり、上記の例では野球選手に対してではありませんが、韓国人を中傷していました。

この書き込み者は、大学に通いながらアルバイトをしていたようですが、アルバイトをしていた時に後輩に対して時折ストレスを感じていたようで、その感情を書き込みで表現することもありました。

⑤ 外国人を軽蔑する言葉の使用例5

書き込み者の性別と年齢は不詳でした。一日の書き込み数は平均約1・3件でした。一日に何度も書き込みをすることもあれば、一週間何も書き込まないこともありました。書き込み者は議員や評論家など、ある特定の人物に対して、何度も中傷の書き込みを繰り返していました。

それらの人物が書き込みをしていると、応答の書き込みを行って中傷している場合もありました。また、他の書き込みの内容としては、外国、特に韓国を批判していました。上記の例で伏せ字になっている名前の人物は、メディアに登場している在日韓国人で、ネット上で中傷のターゲットにされていました。外国人を軽蔑する言葉としては、「在日」や「チョン」が多く使用されていました。他には「アホ」や「ボケ」などを使い、侮辱している場合がありました。書き込み者は、時々英語を使って書き込みすることもありました。

> ※※をまき散らす〇〇という在日奴を海に放り込め！

図3－15　外国人を軽蔑する言葉の使用例5

⑥ 外国人を軽蔑する言葉の使用例6

書き込み者の性別と年齢は不詳でした。一日の書き込み数は平均約30・2件でした。この書き込み者は、再書き込みが多いのが特徴的でした。なお再書き込みとは、他のユーザーの書き込みを引用して、自分のアカウントで書き込みすることをいいます。韓国や中国のことを中傷している書き込みや、それらの国の反日的行為を記載している書き込みに対して再書き込みをしていました。そして、それらの国を中傷する言葉を、書き込み者自身も実際に書き込み時に用いています。

上記の例では、〇で伏せ字にされている名前の人物がメディアで登場している在日韓国人のようでした。日本人の神経を逆撫でですると解されるさまざまな問題提起をしているようで、ネット上で非難や中傷の対象となっていました。

また〇〇〇か　在日はこんな奴が多い　出ていけ

図3－16　外国人を軽蔑する言葉の使用例6

⑦ 外国人を軽蔑する言葉の使用例7

書き込み者は男性で、年齢は25歳でした。一日の書き込み数は平均約85・5件でした。プロフィールには、アニメやゲームが好きということが書かれていました。実際に、書き込み者はアニメやゲームのグッズをコレクションしており、その様子を画像でアップしていました。また、お気に入りのアニメが放送されていた時間帯には、書き込み数が非常に増加する傾向がありました。書き込み者は、時々過激な政治的書き込みや中国や韓国を中傷する書き込みをしていました。このことから、書き込み者はそれらの国を好ましく思っていないらしく、上記の例のように「在日」という言葉を使い人権侵害の可能性のある書き込みをしています。

また、書き込み者はSNS上で、自動的に書き込みする機能（ボット）を多用していました。自動的に書き込みしている内容はさまざまなものがありましたが、その中に中国や韓国を批判しているものが含まれていました。

> ○○と△△，□□と××は裏で韓国とつるんでいる・裏で※※を操る危険な黒幕　○○はもちろん，もしかしたら□□は在日かもな
> そして××メンバーのごく数人も　在日に違いない

図3－17　外国人を軽蔑する言葉の使用例7

⑧ 外国人を軽蔑する言葉の使用例8

書き込み者は男性で、年齢は不詳でした。一日の書き込み数は平均約6・8件でした。プロフィールによると北朝鮮、韓国、中国を好ましく思っていないようで、人物を批判する際には上の例の「チョン」のように、該当する国の蔑称を用いる傾向がありました。批判された人物は、それらの国を擁護した人物だと推定されました。書き込みの中身としては、多くがそれらの国を批判するものでした。その他の書き込みとして、最新のニュースに敏感なようで、ニュースに反応して厳しい意見を書き込んでいました。また、同じ内容の書き込みを定期的に繰り返していました。

書き込み者はある政党を応援する組織に所属し、応援している議員は保守系だけのようで、それ以外の議員や党を批判していました。尖閣諸島について中国を、竹島について韓国を批判していました。

いつもみにくい〇〇の顔！チョン顔が進行中

図3－18　外国人を軽蔑する言葉の使用例8

⑨ 外国人を軽蔑する言葉の使用例9

書き込み者は男性で、年齢は不詳でした。一日の書き込み数は平均約0・4件でした。書き込みの内容は、大半が韓国や中国に関係するものであり、それらの国の直接批判、それらの国に関係することの批判でした。上記の例では、韓国のことを別の漢字で侮辱的に表現していました。

プロフィールによると、「日本にいる売国奴を駆除したい」という考えを持っていることがわかりました。

売国Ｃ党の〇〇がまたＫ国で日本を売りやがったな。日本国籍だが，実は在日工作員。Ｃ党議員の多くが工作員だ。敵国を支援するな！

図3－19　外国人を軽蔑する言葉の使用例9

⑩ 外国人を軽蔑する言葉の使用例10

書き込み者の性別と年齢は不詳でした。一日の書き込み数は平均約10・6件でした。プロフィールには、「反日」を許さないということや、ある政党だけをひいきしていると書かれていました。書き込みの内容としては、日々のニュースを伝えるものがほとんどで、ニュースの中でも日中関係や日韓関係に関するものが多くを占めました。また、再書き込みが多いのも特徴的でした。再書き込みをする内容は、日中関係や日韓関係に関するものもありましたが、SNSで広まっているおもしろいネタについて書き込むこともありました。上記の例では、他のユーザーに対して応答の書き込みしている際に人権侵害の可能性のある記述をしていました。

@●●●●　E党の〇元首相は在日だった
E党も，Fも在日の支配する組織だ

図3－20　外国人を軽蔑する言葉の使用例10

⑪ 外国人を軽蔑する言葉の使用例11

書き込み者は男性で、年齢は29歳です。一日の書き込み数は平均約90・8件でした。睡眠時間を除いて、一時間に何度も書き込みをしていました。自身の書き込みと自身の書き込み受信者への応答の割合はほぼ半々でした。書き込み者はアイドルに関して書き込みをしたり、料理の写真を載せて感想を述べたり、野球や釣りについて書き込みしていました。

また、飲み会の席で、オタクの人とは終始楽しく飲めるけれど、それ以外の人に対して不快な思いをしていることが、書き込みの内容から分かりました。

○○も△△とあんなことを一緒にやってるんじゃしまいだな　在日コンビ

図3－21　外国人を軽蔑する言葉の使用例11

⑫ 外国人を軽蔑する言葉の使用例12

書き込み者の性別と年齢は不詳でした。一日の書き込み数は平均約14・3件でした。毎日欠かさず書き込みしていたようでしたが、書き込みが途絶えている状態が続いていました。書き込みの内容としては、中国や韓国に関係するものが多いのですが、それらの国に対して悪意をもって書き込みをしていました。再書き込みも同様に、それらの国に対する悪意を込めたものばかりでした。

最近のＳＮＳでは、犯罪行為の自慢や、問題性のある書き込みを行うユーザーがいました。上記の例で伏せ字になっている名前の人物は、実際にＳＮＳ上で問題のある画像をアップし、ネット上で非難されていました。

> 道頓堀鼻くそソースの犯人，○○○○という
> チョン在日の犯人の写真だぞ

図３－22　外国人を軽蔑する言葉の使用例12

⑬ 同和問題に係る言葉の使用例1

書き込み者は男性で、年齢は不詳でした。一日の書き込み数は平均約２・３回でした。社会人のようで、ＳＮＳ上では飲み会やお酒に関しての書き込みが多くを占めました。また、自分が気に食わないと思った人物やニュース、状況を取り上げることもあり、その際に不満をぶつける形で批判的な書き込みをしていました。上記の例では、メディアに登場した人物の発言に不満があったために書き込んだと考えられます。他には、電車が止まってしまった場合に鉄道会社に対してなど、さまざまな状況で不満があれば書き込みしていました。この男性はＳＮＳで書き込むことにより、不満を解消しようとしているのかもしれません。

またまた〇〇〇の失言で品位が問われてしまった。《えたひにん〇〇》もう死ね!!

図3－23　同和問題に係る言葉の使用例1

⑭ 同和問題に係る言葉の使用例2

書き込み者は男性で、年齢は不詳でした。ＳＮＳを始めてから5ヶ月の間に、31件しか書き込んでおらず、ＳＮＳにのめり込むタイプではないと思えます。その31件の書き込みのうち、7件が上記のように他人に対しての応答で人権侵害の可能性のある書き込みをしていました。

また、プロフィールから書き込み者は福島県民ということがわかります。そして、書き込み者が人権侵害の可能性のある書き込みをするのは、他のユーザーが福島を侮辱したと解される書き込みをした時のようでした。上記の例は福島の放射性廃棄物を引合いに出して、福島を侮辱しているユーザーに対して応答したものです。その他の例として、「福島県民は一生差別されるべき」や、「福島県民に人権などない」と侮辱的書き込みをされていた場合にも、人権侵害の可能性のある書き込みをして反論していました。

また、この書き込み者は暴力行為を多用することで有名なゲームを所持してプレイしているようでした。

> @●●●●　福島県民への名誉毀損で逮捕してもらいたいな。クソ。ゴミ。非人。

図3－24　同和問題に係る言葉の使用例2

⑮ 障碍者に係る言葉の使用例１

書き込み者は男性で、年齢は15歳（中学生）でした。一日の書き込み数は３件ほどで、多い時には一日で20～30件ほどの書き込みをする時もありました。書き込みは応答の場合が多く、その割合は８割以上でした。逆に、それ以外の自身の書き込みは少なく、２割ほどでした。上記の書き込みは、ＳＮＳで知り合った人との敵意のある争論の一部であり、このような場合に「身体障害者」「カス」「死ね」など悪意を含む言葉を使用することが多かったです。また、上記の例のように「障害」という言葉を多く使う傾向があり、悪意をもって使用していることがうかがえます。

　書き込み者の特徴として、プロフィールで実名や自身の顔写真、これまでの学歴、現在通っている学校を記載し、頻繁に自身のLINEのＩＤや、携帯電話の番号を書き込んでいました。また、書き込みの８割以上が応答であったことから、書き込み者は自身のＳＮＳでの交流をプライベートな空間での交流と認識しているものと思われます。これは、書き込み者のネット犯罪への危機感のなさや、インターネットの危険性に対する認識不足の表れだと考えられます。

> @ ●●●　にげんなよー。※※※友達いない身体障害者と相手してやってんだから

図３－25　障碍者に係る言葉の使用例１

⑯ 障碍者に係る言葉の使用例2

書き込み者は男性で高校を卒業しており、年齢は18歳でした。一日の書き込み数は2、3件ほどで、多い時には一日で15～18件の書き込みをする時もありました。書き込みは応答が7割、それ以外の自身の書き込みが3割でした。上記の例は知人のことを書いている書き込みであり、

応答者とのやりとりの中で「障害者」や「害児」などの人権侵害の可能性がある言葉を使用することが多かったです。また、人権侵害の可能性がある言葉の他に、「死ね」などの攻撃的な言葉を使用することもありました。しかし、その多くが冗談めいた書き方をしているため、悪意をもって使用しているのかの判断が困難でした。

この書き込み者に対する応答者の中にも「障害者」などの人権侵害の可能性がある言葉を同じように使用している人がいました。その人はこの書き込み者と同年代でした。このようなやりとりは、人権侵害となる可能性がある言葉に対する若者の知識不足や意識の低さを表している一つの例だと考えられます。

> 名前○○○　※※※　ただわかることが2つ
> …ビーセン！　それと 障害者!!

図3－26　障碍者に係る言葉の使用例2

⑰ 障碍者に係る言葉の使用例3

書き込み者の性別と年齢は不詳でした。一日の書き込み数は平均15件ほどで、書き込みは自身の書き込みが約6割、他人の書き込みに対する再書き込み（他人の書き込みをみんなに知らせる機能）しているものが4割ほどでした。書き込みの多くが、特定の政党や、政治家への批判となっており、再書き込みしている書き込みの内容も政治への批判がほとんどでした。また、一日に何度も同じ書き込みをしていることや、「拡散希望」と記載した書き込みが多かったことから、自身の意見を強く主張する傾向があると考えられます。

売国奴で気違いの○○○をのさばらせるＡ党も最低だ。韓国のＢ教会の発行本の表紙は○○○の顔が。韓国人では？

図3－27　障碍者に係る言葉の使用例3

書き込み者は上記の例のように「気違い」という言葉に加えて、悪意を持って「韓国人」や「朝鮮人」などを多く使用していました。他にも、政治家の顔写真を使って、悪意のある加工や編集を行った画像を掲載していました。こういった政治に対する批判の中で「気違い」などの人権侵害の可能性のある言葉を使用している書き込み者は珍しくありません。

⑱ 障碍者に係る言葉の使用例4

書き込み者は男性で、年齢は不詳でした。一日の書き込み数は少なく、書き込みをしない日もありました。長い時では一週間書き込みしないこともあり、全体の書き込み数は少なく、50件ほどでした。書き込みの内容は上記の例のように、実名を出したものや、相手の住所や車のナンバーなどの個人情報を載せたものが多数を占めました。書き込みの中では「身体障害者」の他に「ゴミ」や「死ね」「殺す」などの悪意を含む言葉を多く使用していました。他にも、韓国人、中国人に対して批判的で偏った書き込みや、女性に対する差別的な書き込みもしていました。中には、住所など個人情報を載せた書き込みに「拡散希望」と書いて、実際にその書き込みがネット上で拡散されているものもありました。

この書き込み者の書き込みは、上記の例のように実名などの個人情報が入っているものや、差別的な書き込み、動物への虐待をほのめかす書き込みなど、非常に悪質な書き込みが多く見られました。これらは、ネット上での書き込みが犯罪につながる可能性のある例だと考えられます。

身体障害者（笑）の○○○が退職しました。
なぜ会社はあんなゴミを雇ったのか。※※※
死ねっ。馬鹿が。

図3－28　障碍者に係る言葉の使用例4

⑲ 障碍者に係る言葉の使用例5

○○○が※※※を使わずに自らが外遊だ。※
※※※学習障害児だと思う。

図3－29　障碍者に係る言葉の使用例5

書き込み者は男性で、年齢は不詳でした。一日の書き込み数は平均9件ほどで、多い時には一日に20件以上書き込みすることもあれば、一日書き込みをしないこともありました。上記の例のように、書き込みの多くが政治家や、政党、政策に対する批判や、日本の介護制度に対する否定的な意見でした。こういった書き込みの中で、「障害児」などの人権侵害の可能性がある言葉を多く使用していました。また、「死ね」や「皆殺し」「糞野郎」など悪意を含む言葉を頻繁に使用する傾向がありました。

　政治や介護に加えて、芸能人やメディア、外国に関することに対して批判的な意見も書いており、その中でも同じように人権侵害の可能性がある言葉や、悪意のある言葉を多く使用していました。

　書き込みの内容は政治関係が多かったですが、さまざまな分野への意見も書いていました。しかし、そのほとんどが批判的な書き方をしており、過激な書き込みも多数を占めました。

　以上のように、政治などへの批判の中で人権侵害の可能性のある言葉を使用する書き込み者は珍しくありません。

⑳ 障碍者に係る言葉の使用例6

書き込み者は男性で、大学生でした。一日の書き込み数は平均約8件で、一日に30件以上書き込みすることもあれば、一日書き込みをしないこともありました。書き込みは知人への応答が7割、それ以外の自身の書き込みが3割で、知人とのやりとりが多くを占めました。書き込みの内容は日常的なものが多く、何気ないやりとりの中で人権侵害の可能性がある言葉を使用していました。上記の例は知人とのやりとりですが、知人の書き込みが非公開になっており、悪意をもって人権侵害の可能性がある言葉を使用しているのか不明でした。

また、知人（未成年）が飲酒をしている書き込みの再書き込みや、自身がアルバイトをしている飲食店の調理台に寝そべった写真の掲載、コンビニの店内に座り込んで雑誌を読んでいる写真の掲載もしていました。これらは、近年ニュースにもなっているネット上で若者が起こす問題の典型的な例の一つであると考えられます。

書き込み者はSNSでの交流をプライベートな空間での交流と認識しているようで、そのため、こういった書き込みを抵抗なくしているのではないかと思われます。

> @●●●　よう言うわ　お前も障害者ちゃうんか

図3－30　障碍者に係る言葉の使用例6

㉑ その他人権侵害の可能性がある言葉の使用例1

書き込み者は男性で、中学生でした。一日の書き込み数は平均約27・3件でした。書き込み者は現在受験生であるためか、SNSでの新規の書き込みは少数でした。しかし、自動的に書き込みする機能（ボット）を多用しているので、書き込み数は決して少なくありませんでした。自動的に書き込んでいる内容としては、ハンドボールのキーパーをしていることや好きな歌手のこと、時報（たとえば、「【時報】12時をお知らせします。」という書き込み）がありました。

> F中学校※年※組　○○○○（○○○○）（@●●●●）喫煙　飲酒　同伴　万引きをしてます　写真のタバコは友達の△△△△からのプレゼントだそうです

図3－31　その他人権侵害の可能性がある言葉の使用例1

上記の例は、この書き込み者自身が考えた文章ではなく、SNS上で拡散希望という取り扱いで広まっていたものです。そのため、同じ文章を他のユーザーが何人も書き込みしていました。このため、多数の人の目に晒された可能性が高いと思われます。個人情報がネット上で広まる事例です。なお、この書き込み者は上記の例の他にも、拡散希望とされている文章を書き込みする傾向があるようです。

㉒ その他人権侵害の可能性がある言葉の使用例2

書き込み者の性別と年齢は不詳でした。一日の書き込み数は平均約15・2件でした。書き込み者は、ＳＮＳを利用し始めてから、自動的に書き込みする機能（ボット）を使い、同じ書き込みを何度も繰り返しているだけでした。書き込み者はある声優グループが嫌いなようで、そのグループのメンバーを中傷している書き込みが多くを占めました。また、上記の例で伏せ字になっている名前の人物は、その声優グループのメンバーの一人のファンでもありました。なお、上記の例の人物は、ＳＮＳ上で犯行予告を出したことがあるようで、このようなファンが居るということを知らしめて声優グループの評価を下げるために、中傷のターゲットにしたのではないかと思われます。これらのことから、書き込み者は特定の人物を中傷することが目的で、ＳＮＳのアカウントを入手したのかもしれません。

（加藤亮太・上田裕果）

母親は訳ありのAIDSもち　父親は不法入国の在日　〇〇〇〇は親子ともどもクズ

図３－32　その他人権侵害の可能性がある言葉の使用例２

3　社会人になるまでの人権教育

インターネット上で人権侵害の可能性のある書き込み１０１件を収集しました。そのうち、「障碍者」に係る言葉を含む30件のうち半分以上（16件）が生徒または学生（以下、「若者」と表記します）の書き込みでした（図3-7）。この割合は、「外国人」（50件中6件）、「同和問題」（9件中1件）、「その他」の人権侵害（12件中2件）に係る言葉の書き込みと比べると非常に高いと思います（図3-3、5、9）。

若者が「障碍者」に係る言葉を書き込む理由は、その言葉が身近であるために攻撃手段として使いやすいためだと思います。冗談かのような書き込みもあり、若者の人権意識の低さを感じました。たとえ、書き込み者が冗談のつもりでも、多くの場合、「障碍者」に係る言葉に対して、侮辱的、差別的な意味合いを込めて書き込んでいるという印象を受けました。また、書き込みの中には、人権侵害の可能性があるものに加えて、ネット犯罪への危機感の希薄さ、インターネットの危険性に対する認識不足、を感じさせるものもありました。

インターネットという不特定多数が見ることのできる環境での「障害者」に対する差別的な

書き込みは、差別意識を同年代の人などに広めてしまう恐れがあります。インターネット上での若者の人権侵害を取り締まることは、差別的ないじめや、少年犯罪を減少させることや未然に防ぐことにつながると思います。実際に、若者の「障碍者」に対するいじめは近年頻繁に起こっており、殺人事件も起きています。たとえば、２００１年に起きた大津市身体障害者リンチ殺人事件や、２００８年に起きた青梅市連続障害者暴行・恐喝事件などがあります。こういった事件の中には、「障害者だから」「障害者のくせに」といった意識で起こしているものもありました。

なぜ、若者が「障碍者」に係る言葉を差別的に使い、いじめや犯罪が起きてしまうのでしょうか。私は、人権に関する認識不足であると思います。しかし、私たちは小学校や中学校、または高等学校で、道徳の授業などで人権教育を受けてきているはずです。

では、自分自身が受けてきた人権教育について思い出してみます。私が人権教育を受けたのは小学校が最後です。そこで、小学校の頃に受けた人権教育について改めて思い出してみようとしましたが、ぼんやりとしか思い出すことができません。教科書は残っていなかったので、図書館に行って探しましたが、教科書のタイトルが思いだせないこともあって見つけることはできませんでした。小学校での人権教育の授業は義務教育の一環であり、現在の中高生や大学生はみんな受けているでしょう。しかし、何人の人がその内容を覚えているのでしょうか。私は一例にすぎませんが、私と同じような人は少なくはないと思います。そして、現実には、若者による人権侵害や、いじめが起こっています。

私は若者の人権意識を高めていくことで、いじめから起こる犯罪や事件は未然に防げるのではないかと考えます。それは中学生や高校生からでの教育や指導でも遅くはないでしょう。また、学校という教育の場だけでなく、両親などの身近な大人が教えられることも多くあると思います。

（上田裕果）

4　対策の糸口はあるのか、儒教の出番

ネットパトロールは、必要性が増していくでしょう。しかし、現行犯という取り扱いになったとしても、ネットパトロールは威嚇による抑止に貢献するにとどまり、本質的な対策にはならないと思います。ネットパトロール対象が余りに多く、かつ、今後も増え続けると予想されるからです。厳罰化とネットパトロールの技術進歩だけでは、ネット人権侵害の蔓延を阻止するのは困難だと考えています。そして、徳育が必要だという考えに行きつきました。

日本において徳育を考えるにあたり、日本人の思想の形成過程を振り返る必要があります。世界の思想の源泉は、儒教、仏教、キリスト教、イスラム教だと考えています。この順番は、孔子、釈迦、キリスト、マホメットの生誕順で表記しました（釈迦の方が孔子より先に生まれたという説もあります）。東洋を、「東アジアと東南アジア」とすれば、儒教と仏教が、東洋で生まれた思想に当たります。儒教は中国で生まれ日本に伝わりました。仏教はインドで生まれ、中国を経て日本に伝わりました。そして、この二つの思想に強く影響されて日本に生まれたのが「武士道」です。

武士道の淵源は、仏教、神道、儒教にあります［1］。仏教と儒教は、渡来した思想です。このため、神道が最も日本の独自色が強いと言えます。「武士道」の醸成への神道の寄与は、仏教および儒教の寄与と無縁ではありません。ここでいう仏教は、禅宗と言い換えることができます。

1900年に英語で出版された“Bushido—The soul of Japan”（新渡戸稲造著）の訳本である『武士道』の最終章「武士道の将来」［1］（p. 166）に、次の一節があります。

武士道は一つの独立せる倫理の掟としては消ゆるかもしれない、しかし、その力は地上より滅びないであろう。その武勇および文徳の教訓は体系としては毀れるかもしれない。

　しかしその光明その栄光は、その廃址を越えて長く活くるであろう。その象徴とする花のごとく、四方の風に散りたる後もなおその香気をもって人生を豊富にし、人類を祝福するであろう。

「士族」は、第二次世界大戦の敗戦後の民法改正による家制度廃止まで戸籍に記載されました。

アテネオリンピックの長嶋ジャパン、第1回WBCの王ジャパン。第2回ではなぜ、サムライジャパンなのか。原ジャパンという呼び方を、原辰徳氏が辞退したと伝えられています。そして、サムライジャパンという呼び方になったと聞きます。「サムライ」あるいは「侍」という表現が、「勇ましさ」を連想させるという程度に、「武士道」が香気を保っているのかもしれません。その程度にしか「武士道」の気配が感じられないのは、寂しいものです。

原始的神道が日本の宗教の源流と思われます。儒教の伝来は5世紀頃、仏教の伝来は6世紀、と考えられています。そして、神道、儒教、仏教が、相互に影響を与えながら生き続けてきました。徳育という意味においては、この三者の中で、儒教が最も明確な輪郭をもっていると思います。儒教では、五常（仁、義、礼、智、信）と五倫（父子の親、君臣の義、夫婦の別、長幼の序、朋友の信）という原理をもとにした社会を標榜していました。日本では、儒教も仏教も、事情に応じて都合のよい部分を受け入れたように思います。武士道は、義、勇、仁（惻隠の情）、礼、誠、君臣の義、という儒教の色彩を強くもつように思われますが、平常心を守る禅および八百万の神をも寛容する神道が、理念的な儒教を臆することなく吸収させる寛大さを醸成してきました。

ここで、注目すべきは、「恥」の思想だと思います。「恥」という言葉は、日本人の心に響く言葉でありました。神道、儒教、仏教のどれが一番、「恥」という概念の形成に影響したかと言えば、儒教だと思います。しかし、この三つの思想以外にも、「恥」に連なるものがあるように思えます。「恥を知れ」「恥知らず」「○×家の恥だ」「日本の恥だ」、など「恥」を用いた表現は、理屈抜きで合点がいきます。「恥」と対峙する言葉は、「誇り」だと思います。「武士は食わねど高楊枝」は、武士の誇りを象徴する言葉です。その「恥」や「誇り」が醸成された背景には、長年の土着を暗黙の了解とした一族の継続性があったと考えます。稲作が始まった弥生時代から明治維新まで、人々の移動は少なかったのです。このため、ムラの中で、一族が生き延びる術が進化していったものと考えられます。その生き延びる術の中に、「恥かしいことをするな」「○×家の誇りをもて」という意識が伝承されていったものと考えられます。「恥」とつながる言葉として、「面汚し」「名を汚す」「不名誉」があります。「誇り」とつながる言葉として、「自負」「気位」「自尊心」「矜持」があります。「恥」「誇り」、そして、それら

郵便はがき

料金受取人払郵便

山科局承認

128

差出有効期間
平成28年1月
20日まで

607-8790

(受　取　人)
京都市山科区
日ノ岡堤谷町1番地

ミネルヴァ書房
読者アンケート係 行

◆ 以下のアンケートにお答え下さい。

お求めの
書店名＿＿＿＿＿＿市区町村＿＿＿＿＿＿＿＿＿＿書店

＊ この本をどのようにしてお知りになりましたか？ 以下の中から選び、3つまで○をお付け下さい。

A.広告（　　　）を見て　B.店頭で見て　C.知人・友人の薦め
D.著者ファン　E.図書館で借りて　F.教科書として
G.ミネルヴァ書房図書目録　H.ミネルヴァ通信
I.書評（　　　）をみて　J.講演会など　K.テレビ・ラジオ
L.出版ダイジェスト　M.これから出る本　N.他の本を読んで
O.DM　P.ホームページ（　　　　　　）をみて
Q.書店の案内で　R.その他（　　　　　　）

書名　お買上の本のタイトルをご記入下さい。

◆上記の本に関するご感想、またはご意見・ご希望などをお書き下さい。
文章を採用させていただいた方には図書カードを贈呈いたします。

◆よく読む分野（ご専門）について、３つまで○をお付け下さい。

1. 哲学・思想　2. 世界史　3. 日本史　4. 政治・法律
5. 経済　6. 経営　7. 心理　8. 教育　9. 保育　10. 社会福祉
11. 社会　12. 自然科学　13. 文学・言語　14. 評論・評伝
15. 児童書　16. 資格・実用　17. その他（　　　　　）

〒
ご住所

Tel　　（　　　）

ふりがな
お名前
年齢　歳
性別　男・女

ご職業・学校名
（所属・専門）

Eメール

とつながる言葉は、他者の中での自分を位置づける言葉であり、他者からの見え方にその観点があります。そして、個人に留まらず、家族、あるいは、自身が属する社会をも視野に入れた同胞意識が、これらの言葉を育む要因であったのです。「武士道」においては、「恥」と「誇り」が、武士の魂の中で、重要な位置を占めていました［1］。「名誉」「誇り」は、東西を問わず、重要視されてきました。「恥」については、孔子および孟子が言及しているものの、日本人の「恥」の意識は、自然発生的だと思います。

　ここで、徳育という観点で、儒教を見つめ直してみましょう。論語によると、孔子が立派な人物として、「行己有恥、使於日方不辱君命（自分の行いに恥を知り、国家の使節として外国に行く際には、君命を辱めません）」にあたる人物を最初にあげています。これは、全権大使として国際交渉を任せるに足る人物に相当します。「恥」と「辱」を体得している人物としています。このような重責を担える人徳者は、希有だと思います。孔子自身が目指した人物像のようにも思えます。次に、二番目に立派な人物として孔子があげたのが、「宗族稱孝焉、郷黨稱弟焉（親族から親孝行者だとほめられ、郷里の人々からは兄や年長者につかえて従順だといわれます）」にあたる人物です。「孝悌」（親孝行し、兄や年長者によくつかえて従順であること）は、「仁」（いつくしみ）の根本だと考えられています。儒教は、その思想の基盤を家族に置いています。「仁」は、「恕」（思いやり）と「忠」（いつわりのない心、まごころ）からなると言われています。他方、孟子は「惻隠《そくいん》の心」（あわれみの心）を唱えました。この心のもちようは、武士道でも重きを置かれていました［1］。孟子は、「惻隠之心、仁之端也（あわれみの心は、いつくしみの始まりです）」と述べています。あわれみの心は、ネットに限らず人権侵害を思い止めるブレーキになると思います。少し心配なのは、孟子が唱えた「性善説」が「惻隠の心」をその立脚点の一つにしていることです。「性善説」を認めないので、以下の記述内容を認めないという考えをもつ読者がいないか、少し心配なのです。たとえ「性善説」を認められない場合でも、「ネット人権侵害を減らす対策の糸口を探る」という観点で、読み進めていただきたいのです。

孟子が「性善説」を説明する際に用いた「忍ばずの心」と「惻隠の心」は、とても似かよった考えかたです。日本語訳では、この両者は、「同情心」あるいは「あわれみの心」と表記されています。孟子は、「ヨチヨチ歩きの幼児が、今にも井戸に落ちそうになっているのを見つけたら、誰でも助けようとする」ということを「性善説」の論拠の一つとしています。ネット人権侵害の場合、人権侵害されている書き込みは、しばしば拡散します。つまり、人権侵害を犯す人が増えていきます。「カクサン希望」という出だしで行われる書き込みを目にします。孟子は、「無惻隠之心、非人也（あわれみの心のない者は、人間ではありません）」と述べています。孟子の考え方からすれば、ネットに限らず人権侵害を犯す者は、人間でないということになると思います。「仁、義、礼、智」は生来備わっている、と孟子は述べています。ただし、「その徳を育てなければ、親孝行さえ満足にできない」とも述べています。親孝行が徳の始まりなのです。ネットに限らず人権侵害を犯す人は、親孝行しているのでしょうか。自分の子どもが人権侵害をしたと知れば、きっと悲しむと思います。

親孝行が徳の始まりですから、徳育は家庭からということになります。親孝行な親の背中を見て育てば、親孝行な人間に育ってくれると期待できます。そして、「こんなことをしたら親が悲しむ」「こんなことをしたら恥ずかしい」「こんなことをしたら○×家の恥だ」という気持ちになって、ネット人権侵害を思い止まってもらいたいと切に望みます。

（吉冨康成）

5　おわりに

本章で取り上げたネット人権侵害の可能性がある例は、氷山の一角に過ぎません。ネットパトロールをしてみて、そのような書き込みの余りの多さに驚愕したことが、本著が生まれたきっかけでした。そして、本章の第4節から始め、第4章の第10節、第6章の第3節を通して、ネット人権侵害の対策の糸口を、儒教を規範とした徳育に求めてみましょう。

（吉冨康成）

参考文献
［1］新渡戸稲造著、矢内原忠雄訳『武士道』岩波書店、1938年

第4章　ネット人権侵害，法律と倫理

インターネット上の事件は全世界規模に起こり，利害関係者それぞれの国情や価値観も異なるため，実効性のある国際的な対策は見当たりません。

本章では，ネット人権侵害に係る法律を概観し，ネット上での倫理について述べ，ネット人権侵害解消のための視点について考えてみます。そして，実際に注意すべき点を述べます。

1　はじめに

インターネット上での事件の特性として、次の3点が指摘されています［1］(p. 2)。

○ 事件は急激に拡散します。
○ さまざまな立場のものが事件の関係者になります。
○ 関係者のそれぞれが自分の立場を正当化する理由をもつことができます。

上記の顕著な例が、「掲示板」への書き込みです。書き込んだ者は、「表現の自由」を主張できるし、書き込まれて損害を被ったと受け止めた者の論理には、「名誉毀損」「侮辱」「著作権侵害」「企業秘密の守秘義務違反」などが登場します。

インターネットは全地球規模です。国際機関においては、国情も法律も技術力も価値観も異なるそれぞれの国が利害関係者として一票を投じることになります。したがって、国際的な合意（条約、国際標準）を得ることはむずかしいのです。このため、技術やビジネスの急速な国際化に伴って技術標準でいえば、フォーラムなどを作って規範を作るようになっています。著作権など人権に関することも例外ではありません。ただし、著作権に関する国際条約はいくつかあり、日本も批准しています。このため、ネット上での著作権侵害については、国際的な対策があります。しかし、ネット上での名誉毀損、侮辱、プライバシー権侵害に対する国際的で具体的な対策は、見当たりません。

2　基本的人権の尊重

ネット人権侵害を考える上で最初に理解しておくべき「基本的人権の尊重」に係る憲法の条文について、概観します。

日本国憲法では、第十一条、第十三条、第十四条、第二十九条、第九十七条に基本的人権に関する次の記述があります。紙面の都合で、他の記述は割愛します。

憲法　第十一条　国民は、すべての基本的人権の享有を妨げられない。この憲法が国民に保障する基本的人権は、侵すことのできない永久の権利として、現在及び将来の国民に与へられる。

憲法　第十三条　すべて国民は、個人として尊重される。生命、自由及び幸福追求に対する国民の権利については、公共の福祉に反しない限り、立法その他の国政の上で、最大の尊重を必要とする。

憲法　第十四条　すべて国民は、法の下に平等であつて、人種、信条、性別、社会的身分又は門地により、政治的、経済的又は社会的関係において、差別されない。

2　華族その他の貴族の制度は、これを認めない。

3　栄誉、勲章その他の栄典の授与は、いかなる特権も伴はない。栄典の授与は、現にこれを有し、又は将来これを受ける者の一代に限り、その効力を有する。

憲法　第二十九条　財産権は、これを侵してはならない。

2　財産権の内容は、公共の福祉に適合するやうに、法律でこれを定める。

3　私有財産は、正当な補償の下に、公共のために用ひることができる。

憲法　第九十七条　この憲法が日本国民に保障する基本的人権は、人類の多年にわたる自由獲得の努力の成果であつて、これらの権利は、過去幾多の試錬に堪へ、現在及び将来の国民に対し、侵すことのできない永久の権利として信託されたものである。

基本的人権は、次の4つに大別できます。ただし、分類の仕方は、便宜的であり、他の分類の仕方もあります。

・平等権…差別されない権利
・自由権…自由に生きる権利
・社会権…人間らしい最低限の生活を保障してもらう権利
・基本的人権を守るための権利…基本的人権の保障と権利を守ってもらう権利

本著で取り上げる人権は、この4つのうちの平等権、自由権と新たに認知されたプライバシー権、名誉権です。憲法第十四条第一項に平等権に関する記述があります。また、プライバシー権、人格権については憲法第十三条に根拠が求められています。名誉権は、人格権に根拠が求められています。著作権は、自由権の中の財産権に根拠が求められます。憲法第二十九条に財産権に関する記述があります。

3 表現の自由

ネットに書き込んだ者は、「表現の自由」を主張できるし、書き込まれて損害を被ったと受け止めた者の論理には、「著作権侵害」「人権侵害」「企業秘密の守秘義務違反」などが登場します。そこで、人権を考える上で重要な「表現の自由」に係る憲法や法律について、概観します。

「表現の自由」は情報の流通を促す基盤であり、法的に制度化されています。この制度の正当性としては次の理由が挙げられています［1］(p. 4)。

○ 個人の人格の発達に不可欠です。
○ 真理を発見する最良の方法です。
○ 民主主義を実現するために必要なプロセスです。

日本の憲法では「言論、出版その他一切の表現の自由は、これを保障する。」（第二十一条）と定めています。憲法が定めているのは原則であり法律が個人を拘束しますが、「表現の自由」に関する法律は、法律の中では例外的にあいまいです。「表現の自由」は、国境のないインターネットという環境の下で、無政府状態を作りかねない危険をはらんでいます。事実として、インターネット上には違法、有害と思われる書き込みおよびコンテンツが氾濫しています。「表現の自由」を拡大解釈した違法、有害なコンテンツには次のものなどが挙げられています（EU委員会）［1］（p. 6-7）。

○ 個人の尊厳の確保にとって有害（人種差別）
○ プライバシーの保護にとって有害（非合法的な個人情報の流通）
○ 名誉毀損、信用失墜（中傷、不法な比較広告）
○ 知的所有権侵害（ソフトウェア、音楽などの著作物の無断配布）

日本国憲法には第十二条で「憲法が国民に保障する自由及び権利」に対して次の規定があります［1］（p. 7）。

○　国民はこれを濫用してはならない

○　国民は、常に、公共の福祉のためにこれを利用する責任を負う

「表現の自由」の濫用禁止条項に該当するものには「わいせつ情報」「誹謗中傷記事」「虚偽、誇大広告」などがあります。子供の健全な精神発達を妨げるという意味での「有害」など、「有害」の判定は実際には容易ではありません。ネット上での「わいせつ情報」の掲載に係る刑法の条文として、次の第百七十五条があります。

刑法　第百七十五条　わいせつな文書、図画、電磁的記録に係る記録媒体その他の物を頒布し、又は公然と陳列した者は、二年以下の懲役若しくは二百五十万円以下の罰金若しくは科料に処し、又は懲役及び罰金を併科する。電気通信の送信によりわいせつな電磁的記録その他の記録を頒布した者も、同様とする。

2　有償で頒布する目的で、前項の物を所持し、又は同項の電磁的記録を保管した者も、同項と同様とする。

「有害」かどうかの判断で厄介なのは、わいせつ基準が「時代と社会によって変動する」と

されていることです［1］（p. 8）。

4　通信の秘密

インターネットは通信技術の一つです。このため、「通信の秘密」に係る憲法や法律を理解しておくことは、ネット人権侵害を法的に考える上で必須です。

憲法では、次の第二十一条の第二項で、「通信の秘密は、これを侵してはならない」と規定しています。

> **憲法　第二十一条**　集会、結社及び言論、出版その他一切の表現の自由は、これを保障する。
> 2　検閲は、これをしてはならない。通信の秘密は、これを侵してはならない。

憲法第二十一条は、政府など公権力に対する義務を規定しています。これを受けて、電気通信事業法では、次の第四条の第一項で、通信業者に「通信の秘密」を義務づけています。

電気通信事業法　第四条　電気通信事業者の取扱中に係る通信の秘密は、侵してはならない。

2　電気通信事業に従事する者は、在職中電気通信事業者の取扱中に係る通信に関して知り得た他人の秘密を守らなければならない。その職を退いた後においても、同様とする。

ここに定義された「通信の秘密」の対象としては、メッセージの内容に限らず、メッセージに係るすべての情報が含まれます。この義務は電話事業者、インターネットサービスプロバイダなど、すべての電気通信事業者に課せられています。また、一般ユーザーに対してもこの義務が課せられています。そして、罰則は次の条文で規定されています。

電気通信事業法　第百七十九条　電気通信事業者の取扱中に係る通信（第百六十四条第二項に規定する通信を含む。）の秘密を侵した者は、二年以下の懲役又は百万円以下の罰金に処する。

2　電気通信事業に従事する者が前項の行為をしたときは、三年以下の懲役又は二百万円以下の罰金に処する。

3　前二項の未遂罪は、罰する。

第百六十四条は、適用除外等を規定した条文ですが、「通信の秘密」が規定された第四条については除外対象でないとされています。一方、「通信の秘密」を制約する法律として通信傍受法があります。これは特定の組織犯罪（薬物、銃器、集団密航、組織的殺人）に関する通信メッセージに対して、捜査当局に盗聴の実行を認めたものです。事業者は捜査当局に協力する義務があります。

メールを盗聴することは、電気通信事業法に抵触します。会社などで、社外へのメールを、社内の指定されたアドレスにも送ることを義務づけている場合があります。メール送信者の事前承諾があれば、違法ではありません。事前承諾なしに、発信者に無断でメールを転送した場合、または、メールサーバーにあるメールを無断で読むと、電気通信事業法に抵触します。

5 名誉毀損、侮辱、プライバシー権侵害

「名誉毀損」と「侮辱」と「プライバシー権侵害」は、ネット人権侵害の典型です。そして、この3つは人権侵害の可能性のある書き込みにおいて、複合的に表出することがあります。本節では、この3つに係る法律を概観します。日本では、誹謗・中傷記事の発表は民法の不法行

為に関する法律、また刑法の名誉毀損罪、侮辱罪によって規制されています。ここにいう「名誉」は客観的な「人（法人を含む）に対する社会的な評価」を指しています。たとえば、特定の私人が犯罪行為を犯したという印象を与える文章、事実無根の誹謗中傷、中学時代の補導歴の掲示板への掲載、は名誉毀損にあたります。ギャンブルで負けて巨額の借金があるという虚偽の文章、犯罪歴の掲示板等への掲載も名誉毀損にあたる場合があります。犯罪歴の掲載についてはプライバシー権侵害になる場合もあります。刑法の名誉毀損罪（刑法第二百三十条）、侮辱罪（刑法二百三十一条）の条文は、次のとおりです。

刑法　第二百三十条　公然と事実を摘示し、人の名誉を毀損した者は、その事実の有無にかかわらず、三年以下の懲役若しくは禁錮又は五十万円以下の罰金に処する。

2　死者の名誉を毀損した者は、虚偽の事実を摘示することによってした場合でなければ、罰しない。

刑法　第二百三十一条　事実を摘示しなくても、公然と人を侮辱した者は、拘留又は科料に処する。

「プライバシー権」については刑法の規定はありません。他方、名誉毀損、侮辱、プライバシー権侵害は、民事上の不法行為による損害賠償請求の原因となります。プライバシー権侵害については、次節の「個人情報保護」で説明します。ここで、名誉毀損と侮辱について、ネットとの関係で考えてみます。まず、刑法の名誉毀損罪と侮辱罪は、いずれも親告罪です。つまり、犯罪の被害者や法定代理人その他の告訴権者（刑事訴訟法第二百三十〜二百三十四条）が、捜査機関に、犯罪事実を申告し、犯人の処罰を求める意思表示をしない限り、公訴を提起できません。ネット上で、名誉を毀損されたり、侮辱されても、被害者である本人がその事実を知らなければ、告訴して刑事罰を科すことができないのです。本人がその事実を知ったとしても、犯罪の被害者本人や法定代理人その他の告訴権者が、告訴しなければ刑事罰を科すことができません。民事上の不法行為による損害賠償請求を行う場合は、当然ながら、本人がその事実を知ることが前提になります。ネット上では、名誉を毀損されたり、侮辱されても、本人がその事実を知らない場合が十分起こりえます。名誉毀損罪および侮辱罪では、「公然性」を成立要件にしています。ネット上でだれでも見られる場合は、「公然」です。友達登録が必要なサイトでは、何人の人が見られるか、ケースバイケースです。何人が見られたら「公然」と言えるかの法的な基準はありません。裁判所では、たとえば、10人以上、20人以上、など具体的な基準を示してはいません。メールの場合も同様です。1対1のメールでは、「公然」とは言えませんが、複数の相手に名誉毀損や侮辱の内容を含むメールをした場合、何人以上なら「公然」と言えるかの基準を裁判所は示していません。各裁判で、個別に「公然」かどうかが判断されます。

次に、名誉毀損罪には、公共の利害に関する場合の特例が設けられています。その条文を次に示します。

刑法　第二百三十条の2　前条第一項の行為が公共の利害に関する事実に係り、かつ、その目的が専ら公益を図ることにあったと認める場合には、事実の真否を判断し、真実であることの証明があったときは、これを罰しない。

2　前項の規定の適用については、公訴が提起されるに至っていない人の犯罪行為に関する事実は、公共の利害に関する事実とみなす。

3　前条第一項の行為が公務員又は公選による公務員の候補者に関する事実に係る場合には、事実の真否を判断し、真実であることの証明があったときは、これを罰しない。

刑法第二百三十条の2の規定により、「公共性」「公益性」「真実性の証明」のすべてが満たされれば、名誉毀損は刑事罰の対象から除かれます。「公共性」「公益性」「真実性の証明」のいずれについても、客観的な基準を裁判所が示してはいません。各裁判で、個別に判断されます。その3つの要件の中で、一番判断が難しいのが、「真実性の証明」がなされているかです。判決では、最高裁判所の判例を根拠とすることが多いのですが、「真実性の証明」では、「公表された事実の主要な部分又は重要な部分についての証明で足りる」とした最高裁の特定の判例[2]を根拠とした判示が多くありますが、「主要」「重要」の判断基準を示した判例は見当たりません。どの事実を「主要」「重要」と認定するかの判断は、裁判官に委ねられており、その選択の仕方で判決が左右されます。さらに、「摘示事実が真実であることの証明がない場合でも、行為者がその事実を真実であると誤信し、誤信したことについて、確実な資料、根拠に照らし相当の理由があるときは、犯罪の故意がなく、名誉毀損の罪は成立しないものと解するのが相当である。」と判示しています[3]。このように、刑法第二百三十条の2に根拠を置く法解釈は、一般人には理解しがたく、親告罪であること、本人の認知が簡単でないことと相まって、ネット上で名誉毀損がはびこる遠因となっています。

6 個人情報保護

コンピュータおよびネットワークの進展に伴い個人情報保護の必要性が高まり、人権についての新しい概念「自己情報コントロール権」を基盤とした法律（個人情報保護法）の施行にまで至りました。ここでは、この概念が形成された背景を概観しながらこの法律の精神について考えてみます。

プライバシーの権利は、最初、アメリカにおいて、ウォーレンとブランダイスが１８９０年に発表した論文に記載された「一人にしておかれる権利」に代表され、各国でこの権利を守るための法制度が作られてきました。この権利が提唱されたのは、当時のアメリカで有名人の私生活を暴露する記事がイエローペーパー（「事実報道」より個人や会社などの秘密や弱点を暴く記事が多い新聞）に頻繁に記載され、問題視されたことによります。日本では、第二次世界大戦後、プライバシーという言葉が市民権を得てきました。そして、判例を重ねて、「私事の公開からの自由」という意味でのプラバシー権が確立されてきました。このプライバシー権は憲法における「個人の尊重」の原理（第十三条）に基づく人格権の一つと考えられています。

表4-1　2つのプライバシーの比較［4］(p. 82)

伝統的プライバシー	現代的プライバシー
消極的・受動的権利：「一人にしておいてもらう」，「私生活を公表されない」	積極的・能動的権利：「自ら自分に関する情報をコントロールする」
情報の内容が，知られたくない情報か否か	情報の収集・蓄積・利用といった情報の処理過程に注目
報道機関等に対する私権的救済の性質	行政機関等の情報処理に対する公法的権利救済の性質
事後に実害を救済しようとする	権利利益の侵害を未然に防止しようとする

　1960年代から、コンピュータの発達と普及に伴い、大量の個人情報の収集、蓄積、加工、伝達が行われるようになってきました。この情報化の進展に伴い、「一人にしておかれる権利」に代表される伝統的プライバシー権では、個人情報の濫用の危険に対処できないと認識されてきました。1967年にウェスティンは、著書の中で、プライバシー権を「自己情報コントロール権」としてとらえ、「プライバシー権を個人、グループまたは組織が、自己に関する情報を、いつ、どのように、また、どの程度に伝えるかを自ら決定できる権利」と定義しました［4］(p. 81)。プライバシー権をこのようにとらえると、「個人情報の保護」が必要となります。伝統的プライバシーの概念とこの現代的プライバシーの概念を対比すると表4-1のようになります［4］(p. 82)。

　このような理解に基づき、各国で法整備が進められてきました。この間に、アメリカの制度とヨーロッパの制度の違いに起因した利害対立が起こり、その対立の調整がＯＥＣＤの場に持ち込まれました。これを受けて、１９８０年にＯＥＣＤが「プライバシー保護と個人データの国際流通についてのガイドラインに関する理事会勧告」を採択しました。次に、その概要を記します。

【ＯＥＣＤの勧告（概要）［1］（p. 11）】

- 適法かつ公正な手段で、本人の同意のうえで収集すること。
- 正確、完全、最新であること。
- 目的を明確化したうえで収集し、収集目的内で利用すること。
- 収集目的外での利用は禁止すること。
- 紛失などのリスクに対して保護すること。
- 存在、利用目的を公開すること。
- 本人は自己のデータについて確認や修正ができること。
- 管理者は前記のすべてについて責任をもつこと。

日本では、１９８０年のＯＥＣＤの勧告の精神を踏まえた法整備が１９８８年から進められました。２００５年４月の個人情報保護法の全面施行は、ＯＥＣＤ勧告に対する日本の法整備の一応の完成とみることができます。個人情報の漏えいは、２００２～２００５年の統計［5］（p. 22）では増加傾向にありました。

7　著作権保護

プログラム、動画、音楽などの著作物がインターネットを介して不法にコピーされ、社会問題となっています。本節では、著作権に係る法律を概観します。著作権制度は、つぎの２つの目的を掲げています。

○　文化的資産の公正な利用による文化の発展
○　著作者の権利の保護

日本の著作権法では、「著作物」を「思想又は感情を創作的に表現したものであつて、文芸、学術、美術又は音楽の範囲に属するもの」（第二条）と定義しています。

著作権は、著作者人格権と財産権から構成されています。

ホームページやＳＮＳに掲載する文章、音楽、撮影した写真、壁紙やレイアウトも著作物と解されます。例外もあります。翻訳ソフトが出力した結果は、人の考えたものではないので著作物ではありません。ただし、原文の著者の著作権は及びます。なにかのデータを無作為に羅列したものは著作物ではありません。

8　ネットワーク環境でなにを違法とするか

ネットワークが匿名性という環境をつくり、犯罪者はそのかげに隠れて行動する場合が多くあります。問題はネットワーク環境でなにを違法とするかです。この点については、「実空間で違法であれば、ネット空間でも違法である。」と考えられています（ＥＵ委員会より）。

9　国際的な事件の取り扱い

インターネットは全地球規模のネットワークです。したがって、このうえで国境を越えたデータの流通が日々に行われています。インターネットが全地球的であることが、事件の解決や人権の保護を難しくしています。

具体的には、A国の人間が、B国のシステムを利用して、C国のシステムにアクセスを行うというようなことが可能です。ここで法的な紛争が起こった場合に、どの国の法律に従うかをいえば、

○　当事者間に契約関係があれば、双方の合意した国の法律
○　不法行為については、行為の行われた国の法律
○　犯罪であれば、犯罪の生じた国の法律

ということになります［1］(p. 27)。あとの2つの場合、不法行為や犯罪がどこで行われたかを特定することは容易ではありません。どの国で裁判するかにより、有罪と無罪が分かれることも起こります。ネット人権侵害でも事情は同じです。

日本からB国のシステムにログイン、または、B国に居て、匿名で日本のシステムに、名誉毀損となる書き込みをすると、B国から捜査の協力を得ない限り、書き込み者の特定に結びつきません。言い換えると、書き込み者の特定は容易ではありません。

10 ネチケットはあるのか、孔子の説く「恕」とは

インターネット時代になって、サイバースペースには頼るべき法律がない、という意見をよく聞きます。法律は整備されつつありますが、摘発する仕組みは非常に脆弱であるため、不法行為があったとしても捕まる可能性が低いのが実態と思われます。また、法に触れなければ何をやってもよいのではないか、という意見もあります。そうすると、法律がない場合にどうするかという問題が生じます。法律の世界では、「法律がなければ、慣行（判例）にしたがう。慣行がなければ条理にしたがう」とされます。

社会の規範としての倫理は、「他人に危害を与えない範囲で、自己決定できる」という考え方が基本となると考えられます〔1〕(p. 141)。「他人への危害」と「自己決定」がキーとなる概念です。しかしながら、価値観が異なれば、倫理も異なることを認識する必要があります。同じ価値観をもつ集団、同じ利害集団の各集団内に、ルール集を作り倫理綱領とし、自己決定の指針とするのが一般的です。

インターネット環境の倫理的な意味として重要なポイントは、「匿名性」です。この「匿名

性」が個人の責任を希薄にしました。自分のことを隠せて（匿名性）、顔を見られなければ（非対面性）、自制心が弱くなるのは珍しいことではありません。ただし、「匿名性」と「非対面性」はインターネットの利用が爆発的に伸びてきた要因でもあります。

アメリカのバージニア・シャーはその著書『ネチケット――ネットワーク上のエチケット』の中で次の基礎ルールを提起しています［6］（p. 31-33）。

ルール1　皆、人間であることを忘れてはいけません

自分が他人にされて不愉快なことは、他人にもしてはいけません。常に相手の立場に立って発言するようにしましょう。

ルール2　普段の生活で守っているのと同じ行動の基準に従うこと

人は実生活では法律に従って生活しています。サイバースペースにおいても、プライバシーや著作権の扱いなど、法の範囲内で行動しましょう。

ルール3　いい加減な表現をしない

電子メールの場合、コミュニケーションの手段の大部分は言語です。文字の使い方や表現に

は細心の注意を払いましょう。

ルール４　罵倒戦争を自制しよう

無用なトラブルを避けるためにも、言葉使いや表現には十分配慮しましょう。

ルール５　人のプライバシーを尊重しよう

たとえばメールを同報するとき、知らない人同士のメールアドレスを意識せず知らせてしまう場合があります。プライバシー保護には細心の注意を払いましょう。

ルール６　人の過ちには寛容に

誰にでも、かつては初心者と呼ばれる時代があったはずです。文字の間違いや、初歩的な質問にも、親切で丁寧な対応をしましょう。これは現実世界とまったく同じです。

以上をまとめると、①基本的な考え方（行動指針）は現実世界とまったく同じです［1］（p. 33）。②想像力を高め、相手の気持ちや事情に十分配慮しましょう［1］（p. 33）、となります。

論語で伝えられる孔子（紀元前551～479年）の教えの中に、

己所不欲、勿施於人（己の欲せざる所、人に施すこと勿《な》かれ）

があります。これは、一生努めるべき「恕」（思いやり）について述べたくだりです。「恕」をもち続けることで、インターネット社会における人権の尊重も果たせると思います。儒教の中心的道徳概念「仁」（いつくしみ）は、この「恕」と「忠」（礼にもとづく自己抑制）の両面をもつと言われています。

11　実際に注意すべきこと

ここで、後掲の文献［1］、［6］～［11］も参考にしてまとめた、実際に注意すべきことを挙げておきます。

✧「無断転載を禁じる」「All Right Reserved」などの表現がない場合でも、著作権はあります。

✧ 外国のサーバーに置かれたホームページに載せられている著作物を複製する場合、その国がベルヌ条約または万国著作権条約またはＴＲＩＰＳ協定に加盟していれば、日本で著作権を守る義務があります。

✧ ＳＮＳのサービス会社が自社の開設するページ上で、わいせつな画像や名誉毀損的発言を発見した場合、ユーザーとの間の契約で事前に取り決めていれば削除できます。契約がなければ、第三者を貫き、裁判になれば、裁判所の命令に従うかの判断をするでしょう。

✧ 当事者Ａから名誉毀損の相手Ｂ（ＳＮＳのサービス会社が自社の開設するページ上に匿名で書き込んだ者）を告訴するので、住所氏名を教えてくれと要求された場合、ＳＮＳのサービス会社は教える義務はありません。ガイドラインはありますが、「名誉毀損」の判断をＳＮＳのサービス会社が実際に行うのは容易でありません。個人情報である「住所氏名」をＳＮＳのサービス会社が教えることはないと考えたほうが無難です。法務局が相談にのってくれます。

✧ プロバイダの開設している掲示板で、ＡがＢを誹謗中傷したとします。プロバイダには名誉毀損罪は適用されませんが、サービス提供者が問題発言の存在に気づいたときはしかるべき対処をする一定の責任はあります。

◇ 自分のホームページに市販のコンピュータソフトや音楽ＣＤのファイルをおいて、誰でもダウンロードできるようにすると、著作権侵害幇助罪に問われる可能性があります。

◇ アーティストのファンサイトＨＰを作る場合、ＣＤジャケットは著作物ですので、発売元からＣＤの掲載許可をもらう必要があります［6］(p. 110)。アーティスト本人には肖像権があるので、写真を掲載する場合、所属事務所を通じて本人に許諾を得る必要があります［6］(p. 110)。

◇ インターネット上のＨＰにあった画像をコピーして自分のＨＰに載せると、著作権侵害となります。使用したい場合は、許諾を得る必要があります［6］(p. 110)。フリーの素材サイトの場合にも、使用規約を確かめてください［6］(p. 110)。

◇ 他人のホームページを改ざんすると、著作権侵害になります。

✧ 不正アクセスが行われた際、アクセス管理者が努力義務に違反していた場合、罰則規定はありませんが、被害者から管理不十分として訴訟を起こされれば、敗訴の可能性が高いと思われます。

✧ プログラムの作成に必要なコードやライブラリ、その他、画像、サウンドなどをはじめ、他人の作成した素材を自分のフリーウェアに流用する際には、利用条件を確認する必要があります。

✧ リンクボタンとして他人の著作物をコピーして使用すると、著作権侵害になります。

✧ 掲示板に「交際求む」という表記とともに、他人の住所や携帯の電話番号を掲示した場合、名誉毀損罪に抵触する可能性があります。

✧ 掲示板に、電話帳に記載されている他人の氏名、職業、住所、電話番号を書きこむことは「プライバシー侵害」にあたります。

✧　キャラクター（「ドラえもん」など）の絵を自分で描いたものをＨＰに載せるには、著作権者の承諾が必要です［6］(p. 111)。また、商法登録されている場合は、商標権侵害とならないかを確認する必要があります［6］(p. 111)。

✧　既成の曲を着メロにアレンジしてネットを通じて無償配布するには、著作権者の許諾が必要です［6］(p. 111)。

✧　コンサートの映像を記録して、ＨＰに置いて配信するには、作詞者、作曲者、レコード製作者、演奏者、歌手の許諾が必要です。許諾を得ずに行えば、著作権侵害、著作隣接権侵害となります。

✧　自身のブログに、職場の同僚について、国籍を理由に、人格を攻撃する内容の書き込みを行うと、不当な差別的言動にあたります。損害賠償を求められる可能性があります。

✧　自身のブログに、障碍や国籍を理由に、差別をあおるような内容の書き込みを行うと、差別助長行為にあたります。損害賠償を求められる可能性があります。

✧　罪を犯した少年の顔写真や本人を特定できる情報を自身のブログに掲載すると、少年法第六十一条に抵触します。少年法第六十一条の条文は、次のとおりです。この条項には罰則が規定されていません。

少年法　第六十一条　家庭裁判所の審判に付された少年又は少年のとき犯した罪により公訴を提起された者については、氏名、年齢、職業、住居、容ぼう等によりその者が当該事件の本人であることを推知することができるような記事又は写真を新聞紙その他の出版物に掲載してはならない。

✧　殺してやるという内容のメールを送ると、脅迫罪になります。

✧　匿名や偽名で行う行為の場合でも、名誉毀損の責任を免除されることはありません。

✧　1対1のメールで悪口を書かれた場合は、名誉毀損罪の対象となりません。その発言が不特定多数または多数の者の知る状態（公然の状態）におかれない限り、名誉毀損罪の対象となりません。

✧ 違法コピーの所有だけでは著作権侵害とはなりません。使用すると著作権侵害となります。

✧ 友人から送られてきたメールを勝手に公開すると、プライバシー権の侵害になります。

✧ 「nobunaga@kpu.ac.jp」のような表記の場合、京都府立大学の「ノブナガ」のメールアドレスであることがわかります。このような場合は、「個人情報」となります。「abc1234@d567.ne.jp」のように本人を特定できない場合は、「個人情報」には該当しません。

✧ 「個人情報」が暗号化されていても「個人情報」に変わりありません。

✧ 本人の意思で、電話帳やホームページで公開している氏名、電話番号も「個人情報」に該当します。「個人情報」であるかどうかは、公開されているかどうかに関係しません。

✧ 個人情報保護法が対象とするのは日本国民の「個人情報」だけでなく、外国人の「個人情報」も対象となります。

◇　ダイレクトメールの封入・発送のような「個人情報」の取り扱い作業を第三者に委託した場合、監督義務が生じます。委託契約で「個人情報」の取り扱いを定め、委託先を監督する必要があります。

◇　盗難や不正アクセスのような「犯罪行為」で「個人情報」が流失した場合には、裁判では、情報システムのセキュリティ機能が整備されたものであったか、事業者内部の責任体制が確保されていたかが問われます。

◇　メールソフトの操作ミスで「個人情報」が流出した場合、裁判では、作業手順書、作業訓練の実施の有無などが問われます。

◇　「個人情報」が流出した場合の損害賠償は、日本ネットワークセキュリティ協会などで算定しています。

◇　「個人情報」を用いてダイレクトメールを送るためには、「ダイレクトメールの送付に使用」という記載をして本人の同意を得ている必要があります。

✧「個人情報」をいつまで保有するかを公表する義務はありません。しかし、事業者内ではルールを作っておかないと取り扱いに困ることになります。

12 おわりに

ネット人権侵害に係る法律と倫理について概観してきました。ネット人権侵害を減らすためには、法令を変える必要があります。しかし、厳罰化だけでは、ネット人権侵害の蔓延を阻止するのは困難だと考えています。国家百年の大計として、徳育に力を入れる必要があります。その規範として、儒教を見直してみたいと思います。

参考文献

［1］名和小太郎・大谷和子編著『ITユーザの法律と倫理』共立出版、2001年
［2］最高裁昭和58年10月20日判決・裁判集民事140号、177頁、1983年
［3］最高裁昭和44年6月25日判決・刑集第23巻7号、975頁、1969年
［4］石村善治・堀部政男編『情報法入門』法律文化社、1999年
［5］NPO日本セキュリティ協会「2005年度情報セキュリティに関する調査報告書」2006年

〔6〕大島武・寺島雅隆・畠田幸恵・藤戸京子・山口憲二『ケースで考える情報社会』三和書籍、2004年
〔7〕藤谷護人『個人情報保護法検定対策テキスト』東京法令出版、2007年
〔8〕原田三朗・鳥居壮行・日笠完治『新・情報の法と倫理』北樹出版、2006年
〔9〕岡村久道・鈴木正朝『個人情報保護』日本経済新聞社、2005年
〔10〕鈴木正朝『個人情報保護法を理解する30問』ダイヤモンド社、2005年
〔11〕NECネクサソリューションズ『よくわかる「個人情報保護」』東洋経済新報社、2005年

（吉冨康成）

第5章　ネット人権侵害を傍観する日本

本章では，業界，政府，地方自治体から見たネット人権侵害の姿について考えてみます。SNS の運営は，ビジネスとして行われています。収益をあげることがビジネス継続の必要条件です。各 SNS 運営会社は競争関係にあり，ユーザーの取り合いをしています。そのような業界で，自サイトでの人権侵害は，どのように位置づけられているのでしょうか。いっしょに考えてみましょう。政府，地方自治体には，国民，住民の生命と財産を守る責務があります。そのために，法令が施行されているはずです。では，ネット人権侵害を減らすために有効な法令が整備されているのでしょうか。本章では，この点に焦点をあてます。「ビッグデータ」という言葉が流行しています。ネット人権侵害の観点で，「ビッグデータ」についても考えてみます。

1　ビジネスと割り切る業界

(1) ビジネスモデル

ＳＮＳ、掲示板などを運営する会社は、基本的には、そのサイトを見ている人の目に触れるように企業等の広告を表示、もしくはサイト内で有料のアプリを提供することで収益を上げています。

広告をより多くの人に見てもらう、もしくは、有料のサイトをより多くのユーザーに使用してもらうためには、より多くの人にそのサイトを使用してもらう必要があります。より多くの人に参加してもらうことが、より高い収益をあげることにつながります。これが大前提です。

そこでは、サイトへの参加者は、単なる数値であり、統計の一部となります。また書き込みの内容は、キーワードに分割され、より効率的に広告を配信するための分析材料となり、その書き込みで生じている人権侵害が考慮されることはありません。

なお、当然のことながらＳＮＳ、掲示板などを運営する会社は、ユーザーの書き込みに関しては、その責任を負わない旨を利用規約に明記しています。Twitter、Facebook の利用規約の該当箇所を次に示します。

Twitter の場合

「ユーザーは、本サービスの利用、投稿したコンテンツのすべておよびこれらによって引き起こされる結果のすべてについて責任を負います。ユーザーが送信、投稿または表示するコンテンツは、本サービスの他の利用者によって閲覧可能となり、かつ、他社のサービスやウェブサイトを通じても閲覧可能になります（アカウント設定のページでご自身のコンテンツを閲覧できる者を管理することができます）。提供するコンテンツは、本規約に基づいて他の人たちと共有して差し支えないものに限定してください。」［1］

Facebook の場合

「Facebook での利用者の行為、コンテンツ、または情報に関して、誰かが弊社に対して申し立てを行った場合、利用者は、かかる申し立てに関して、弊社をあらゆる被害、損失、および費用（妥当な弁護士費用を含む）から免責するものとします。弊社は利用者の行動について規定を設けていますが、Facebook 上での利用者の活動を管理または指揮するものではなく、利用者が Facebook 上で発信または共有するコンテンツや情報について責任を負いません。弊社は、利用者がFacebookで目にする可能性のある不快、不適切、わいせつ、不法、その他の好ましくないコンテンツや情報について責任を負いません。弊社は、オンラインまたはオフラインでの行動や、Facebookの利用者について責任を負いません。」〔2〕

通常、ユーザーは規約を読んでからサイトへ参加することはほとんどないと思いますが、一度確認してみたほうがよいでしょう。インターネット上に書き込むということは、いかに大きな責任と危険を伴うか、が実感できると思います。書き込んだ言葉、写真、動画は、そのまま直に不特定多数の人に公開され、いつなんどき、「人権が侵害された！」と訴えられるかもしれないのです。その際には、書き込み者だけが責任を負うことになります。

(2) 対策

SNS、掲示板への書き込みに何か問題があれば、それを運営サイトに通報する仕組みは、基本的には、どのSNS、掲示板サイトにも備わっています。しかし、その通報は当然、書き込まれたものを見てからの通報、ということとなります。それはすなわち、一度ネット上に提示されてしまっており、不特定多数のユーザーに閲覧、再書き込み、応答書き込み、データ取得をされている可能性があることを意味します。そうなると、それら書き込みは、ネット上に拡散してしまっており、それら拡散したものを、1件ずつ削除依頼していくことは、実質的に不可能です。

また、運営者がサイトへの参加者の全ての書き込みを、チェックすればよいではないかとなりますが、大規模なサイトでは実質的に不可能であり、実態としては、その監視をユーザーに担ってもらい、「何かが起きてから対処する」ということにならざるを得ないのです。また対処としても、自らのサイトの書き込みを削除するだけで、他のユーザーのPCに残ったキャッシュデータや、他のサイトへ転載された書き込みまで削除してくれるわけではありません。運営者が管理しているのは、あくまで自サイト内だけであり、ネット全体を管理するわけではありません。もちろん、ネット全体を管理することは不可能です。

（太田桂吾）

2　たじろぐ政府、地方自治体

名誉毀損罪および侮辱罪は、親告罪ですが、被害者が知らない間に、名誉毀損、侮辱がネット上で拡散する事態が起こっているのです。「公になることで被害者に不利益が生じるおそれのある犯罪」に対して適用されるというのが親告罪の位置づけです。ネット上に書き込まれた、あるいは、アップされた時点で、「公然」の状態（アクセス制限があれば、その限りではありません）になるため、ネット上での名誉毀損罪、侮辱罪を親告罪としておくことに矛盾があると思います。ネットパトロールで、人権侵害の可能性がある書き込みを見つけたとしても、被害者に知らせるかどうか判断を迫られます。知らない方が本人は幸せかもしれないという言い訳があり得るのです。言い換えると、ネットパトロールで、人権侵害と思われる書き込みが発見された場合に、被害者を救済する仕組がないのです。名誉毀損罪および侮辱罪を非親告罪とし、現行犯逮捕できるようにすることが、ネット人権侵害を減らす対処療法にはなると思います。政府、地方自治体の人権関係者には、インターネット社会の実情に即した法整備をお願いします。

２０１２年度から、政府、地方自治体で「ネットパトロール」というキーワードを含む事業が、多く実施されるようになりました。人権侵害、いじめ、風評被害などを監視せざるを得ない状況に至ったことの表れでしょう。ただし、監視業務もやはり、ほとんどは「何かが起きてから対処する」という後手にまわらざるを得ないのです。各地方自治体で、親子向けのネットの怖さを教える講座などの開催が増えています。まずは、ネット人権侵害の実情を知ってもらうための広範な啓蒙活動が必要です。

（吉富康成・太田桂吾）

3　ビッグデータに潜む罠

ネットパトロールで、病歴をネタにした個人攻撃を目にしたことがあります。

ビッグデータの取り扱いで一番気になるのが、個人情報の取り扱いです。「自己情報コントロール権」が人権として認知され、法整備が行われましたが、事業者が取得した個人情報を持ち寄り、データーマインニングの対象にする事態は、個人情報保護法施行時には想定していなかったと思われます。ビッグデータそのもの、あるいは、そこから抽出された情報が売買されるようになりつつあります。たとえば、遺伝子情報、病歴は、人権侵害のネタになり得ます。個人が特定されないようにする方策として、記号で表記するやり方が一般的です。しかし、不正アクセス、内部犯行などで、記号と氏名の対応が外部に漏れることは十分あり得ます。ネット人権侵害につながった場合に、それをいち早く発見するには、ネットパトロールを高頻度で行うしかありません。しかし、ビッグデータの活用のうねりを目の当たりにして、ネットパトロールの技術進歩の必要性を痛感しているのが現状なのです。

（吉冨康成）

4

儲かればいいのか、誰が誰を守るのか

ＳＮＳ、掲示板などを運営する会社は、ユーザーの書き込みに関しては、その責任を負わない旨を利用規約に明記しています。つまり、これらの会社は、人権侵害からユーザーを守る責任を放棄しているのです。風評被害などで収益に悪影響がでない限り、人権侵害を座視するということです。

一部業者では実施されてきていますが、未成年への対応を真剣に考えるべきです。認証機能などの発達（指紋、光彩認証）により、個人の特定は容易になっているので、その機能を未成年に適用しネットへの参加を制限するのも一案です。徳育が必要であることは言うまでもありませんが、根付くには、数十年から百年はかかるでしょう。ネット人権侵害が蔓延する兆しがあるので、できることから始めるべきです。

ネット人権侵害の被害者は、書き込み削除や名誉回復を望みます。しかし、ネット上に拡散したデータの削除は困難を極めます。ネットに詳しくない人であれば、途方にくれることになります。政府、各地方自治体に人権侵害にたいする対策窓口はありますが、ネットに詳しい担

当者がいるとは限りません。ネットに詳しいかどうかということもさることながら、志が大事です。志のある者が、「先陣を切る」気概を見せることからネット人権侵害の少ない社会の実現が始まると思っています。

（吉富康成・太田桂吾）

5　おわりに

ＳＮＳの機能および操作性が向上するに伴い、ネット人権侵害が蔓延しやすくなるのは皮肉なことです。マスコミに取り上げられた人物がターゲットとなって、人権侵害にあたる画像や書き込みが拡散するケースが多いように感じています。もちろん、一般人がターゲットにされる場合もあります。本人が知らない間に、ネット人権侵害にあたる画像や書き込みが拡散するケースは珍しくありません。名誉毀損罪および侮辱罪を非親告罪とし、現行犯逮捕できるようにすることが、ネット人権侵害を減らす対処療法にはなると思います。

（吉富康成）

参考文献

［1］ https://twitter.com/tos

［2］ https://www.facebook.com/legal/terms

第6章　ネットパトロール

本章では，ネットパトロールシステムとその予備知識について説明します。そして，ネットパトロールで何ができるのか，何ができないのかについても説明します。クローリングの基礎技術については概観しますが，クローリングの実際については，ノウハウの部分が多いため，本著では触れません。

1　できることとできないこと、技術面と法律面

ネットパトロールの技術は、インターネット上の書き込みを収集する「クローリング」、書き込みを解析するための「自然言語処理」を実装した「人権侵害語検出技術」からなります。第3章での書き込みの実例は、これらの技術を用いて収集しました。

（吉富康成）

（1）技術面

クローリング技術の基礎

インターネットを利用した人なら誰でも経験したことがあると思いますが、ウェブブラウザを使ってウェブページを閲覧する時、下線や色のついた文字をマウスでクリックして別のウェブページを閲覧することがあります。このように、インターネット上にあるウェブページは別のウェブページとつながっています。このつながりをリンクと言います。ウェブページのリンクをたどることで、インターネット上のさまざまな情報を収集することができます。

Googleなどの情報検索サイトは、クローラと呼ばれるプログラムを用いてインターネット上にあるウェブページを収集しています。クローラがウェブページのリンクをたどってウェブサイトを巡回し、ウェブページを収集していく作業をクローリングと呼んでいます。情報検索サイトはクローリングによって集められたウェブページをもとに、検索キーワードを作成し、検索キーワードとウェブページを関連づけることで、検索キーワードによる情報検索が可能となっています。

　クローリングはウェブページのリンクをたどるという非常に単純な作業ですが、プログラムによってさまざまなウェブページを効率よく、網羅的に収集するには、いろいろと注意する点があります。まず一つ目は、リンク先のページは常に収集できるかという点です。もしかしたら、そのページがもうなくなっているかもしれません。そのページを提供しているウェブサーバが一時的に停止しているかもしれません。アクセス制限のあるページかもしれません。いつまでたってもリンク先のウェブページが収集できない場合は、そのページはあきらめて、次のリンク先のページを収集するようにしておかなくてはいけません。

　二つ目は、ウェブページ収集の効率化やウェブサーバへの負荷の軽減のために、収集済みのウェブページを何度も繰り返し収集しないようにすることです。そのために、リンク先一覧表を用意し、ウェブページのリンク先がこの一覧表にない場合にだけリンク先を追加し、リンク先のウェブページを収集します。

三つ目は、ひとつのウェブサーバに短時間に大量のウェブページを要求しないようにすることです。そうしないと、そのウェブサーバから一定期間アクセスを禁止される可能性があります。ある特定のウェブサーバに集中させることなく幅広くウェブページを収集しなくてはいけません。

四つ目は、最新情報を収集するためにはどのくらいの頻度でどのウェブページをクローリングすればよいのかを決める必要があります。すべてのウェブページを平等にクローリングする方法もありますが、それぞれのウェブページの更新頻度に応じてクローリングする方法や、ウェブページのランキング、サイトやドメインの評価などに応じてクローリングする方法などいろいろな方法があります。

クローラはさまざまなウェブページを対象に収集作業を行っています。時には想像もつかないようなことが原因でうまくウェブページを収集できないことがあります。そのような場合には、収集できない原因を解明し、プログラムを修正しなくてはいけません。


（田伏正佳）

自然言語処理

✧ 自然言語処理とは

情報処理の分野では、コンピュータで用いるプログラミング言語などの人工言語と区別するため、日本語や英語といった我々が日常で使用している言語を「自然言語」と呼んでいます。そして、この自然言語をコンピュータに処理させることを「自然言語処理」と呼んでいます。ここでは自然言語処理について説明します。

自然言語では、使用可能な表現や形式に制限はなく、表現の自由度が高いのです。そのため、理解する側には柔軟性が必要です。それでは、自然言語の理解に柔軟性が必要であることを説明するためによく用いられている「うなぎ文」を紹介しましょう。次に示す会話は、飲食店における店員と二人のお客さんのやり取りです。

店員「ご注文はいかがなさいますか?」
客A「僕は天丼にします。君は何にする?」
客B「私は鰻です。」
店員「天丼お一つと、鰻丼お一つですね。」

この会話の流れを、不自然に感じることはありません。この場合、店員は客Bの言葉を「私は鰻（丼）を注文します。」という意味で理解し、数分後には美味しそうな鰻丼をテーブルへと運んでくるでしょう。しかし、飲食店以外の場所、たとえば就職活動中の学生が面接で突然「私は鰻です。」と言うと、面接官は「彼の名前は鰻なのか、珍しい名前だ。それとも、精神に異常をきたして、自分を鰻と思い込んでいるのか。」と悩んでしまうかもしれません。また、同じ飲食店であったとしても、鰻専門店で脈絡もなく「私は鰻です。」と言っても店員を困らせるだけでしょう。このように、自然言語の場合、ある状況では自然に感じる表現が、別の場面では不自然に思えるのです。

表現の自由度が高く、理解には柔軟性が必要となるため、コンピュータを用いて自然言語処理を行うには、その都度、文脈においてもっともふさわしい意味を選択する必要があります。自然言語の特徴であるこの曖昧性が、自然言語処理を難しくしています。

自然言語処理の基本技術

自然言語処理の基本技術として、形態素解析と構文解析があります。これらの概要を説明します。

✧ 形態素解析

コンピュータに自然言語（以下では、日本語）が入力された場合、最初にそれらを文法的に意味のある言語単位に分割します。この意味のある最小の言語単位を形態素と呼び、文字列を形態素に分割し、辞書を利用して品詞や内容を判別する処理を形態素解析と呼んでいます。

表６-１は「彼はボールをゴールの方へ蹴った。」という文章を、形態素解析エンジン「MeCab」を用いて解析した結果です。この例では、「蹴った」が「蹴っ」という動詞と「た」という助動詞に分けられ、「蹴っ」の原形として「蹴る」を出力しています。形態素解析を利用している検索エンジンでは、たとえば、「蹴った」という検索語句に対しては、「蹴る」の検索結果も表示させています。

✧ 構文解析

形態素解析によって形態素に分割されると、次に文の構造を解析する処理をします。この処理を構文解析と呼びます。構文解析の目的は、要素間の関係を判定し、文法的・意味的関係でまとめることです。

形態素解析で用いた例文（表６-１）を構文解析ツール「knp」で解析した結果を図６-１に示します。形態素の「彼（名詞）」と「は（助詞）」、「ボール（名詞）」と「を（助詞）」、そして「方（名詞）」と「へ（助詞）」は各文節を構成し、「蹴っ」と「た」で構成される文節（述

表6－1　形態素解析結果

入力文	彼はボールをゴールの方へ蹴った。		
解析結果	単　語	原　形	品　詞
	彼	彼	名詞
	は	は	助詞
	ボール	ボール	名詞
	を	を	助詞
	ゴール	ゴール	名詞
	の	の	助詞
	方	方	名詞
	へ	へ	助詞
	蹴っ	蹴る	動詞
	た	た	助動詞
	。	。	句点

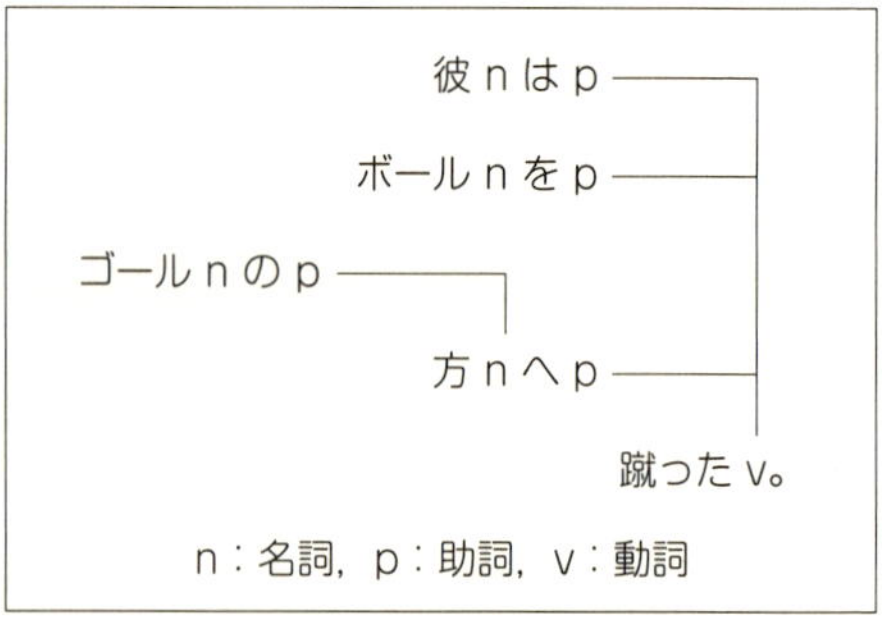

図6－1　構文解析結果

語）と線で結ばれ、係り受けの関係があることを表しています。また、「ゴール（名詞）」と「の（助詞）」は文節を構成し、「方（名詞）」と「へ（助詞）」からなる文節を修飾していることを表しています。

▒人権侵害語検出システム

　形態素解析を利用したシステムとして、京都府立大学情報環境学グループが開発した「人権侵害語検出システム」を紹介します。

　スマートフォンの普及に伴い、無料のコミュニケーションツールとしてＳＮＳの利用者が急増しています。ＳＮＳには多くの人と交流ができるという利点があります。ネット社会に生きる現代人にとっては必須のツールとなりつつありますが、その反面、個人情報の流出や誹謗中傷などが行われる場となる可能性があり、人権を侵害する書き込みに対しては削除が必要な場合もあります。ＳＮＳを人海戦術でパトロールし問題のある書き込みを発見するには多くの労力を必要とします。その労力を軽減するために、人権侵害語検出システムを開発しました。

　以下に処理概要を説明します。

✧　人権侵害語の登録

　インターネットのサイトや書籍から収集した人権侵害に用いられる可能性のある単語（以下、「人権侵害語」と表記）を、MeCab の辞書に登録します。登録の際に、それぞれの人権侵害語が人に与えるダメージを数値化し登録しています。この数値を人権侵害語指数と呼びます。

◇　実名の追加登録

深刻度の高い人権侵害語が検出されると、その近傍から実名を探索します。実名の検出を増やすため、MeCab の辞書に登録されている人名に加えて約八万件の実名を登録しています。

◇　MeCab を用いた形態素解析

ＳＮＳサイトの HTML ソースを取得し、MeCab を用いて形態素解析を行います。登録した人権侵害語が検出されると、図６‐２のようにその言葉の深刻度に対応したバックカラーを付けて表示します。そして、そのサイトの人権侵害語指数の総和等の判断基準によって図６‐３のようにサイトの深刻度を分類します。

◇　巡回パトロール

ＵＲＬリストに監視が必要なサイトのＵＲＬを登録しておくと、順にサイトから人権侵害語の検出を行い、深刻度の高いサイトから順に表示されます。システムの表示画面を図６‐４に示します。

（浅田太郎）

（2）法律面

不正アクセス行為の禁止等に関する法律に抵触する行為はできません。たとえば、ＳＮＳの

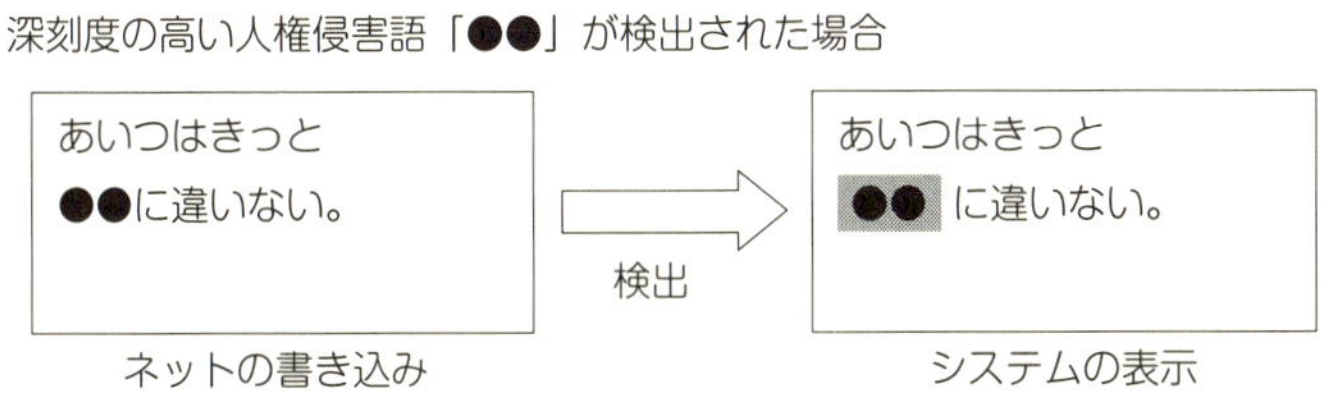

図6－2　バックカラーの適用例

図6－3　深刻度によるサイトの分類

図6－4　システムの表示画面

サイトでのアクセス制限を解除して書き込みを読んだり、取得したり、あるいは、友達申請をせずに友達申請を要求しているユーザーの書き込みを読んだり、取得したりすることは、いずれも不法行為です。また、犯罪捜査目的以外でのメールの傍受は、電気通信事業法で禁止されています。このため、メールはネットパトロールの対象に含めることができません。

（吉富康成）

2　おおらかな期待と監視社会への不安

情報技術が進歩し、ビッグデータの利用も視野に入りつつあります。世界中を対象にネットパトロールすることも夢ではありません。しかし、自然言語処理・理解の技術は発展途上であり、自動でネット人権侵害を検出できる見通しは立っていません。今後とも、人権侵害の可能性のある書き込みを自動収集して、目視チェックして判定するやり方しかないでしょう。その場合、人権侵害の可能性のある書き込みは、膨大な数になるので、地域を限定し、人権侵害の検出に使う言葉を限定する必要があります。

スピード違反は、現行犯逮捕できますが、刑法の名誉毀損罪と侮辱罪は、いずれも親告罪です。つまり、犯罪の被害者や法定代理人その他の告訴権者（刑事訴訟法第二百三十〜二百三十四条）が、捜査機関に、犯罪事実を申告し、犯人の処罰を求める意思表示をしない限り、公訴を提起できません。ネット上で、名誉を毀損されたり、侮辱されても、被害者である本人がその事実を知らなければ、告訴して刑事罰を科すことができないのです。プライバシー権については刑法の規定さえありません。名誉毀損、侮辱、プライバシー権侵害は、民事上の不法行為による損害賠償請求の原因となります。言い換えると、ネット人権侵害に対して、対抗措置を取る唯一確実な方策は、裁判を起こすことなのです。書き込みの削除依頼を、法務局などを通して出すことはできます。しかし、削除を拒否される場合もありえます。ネットいじめの場合、教育委員会や学校を通じて、書き込んだ児童、生徒に削除指導が行われています。ネット人権侵害の場合、ＳＮＳのサービス会社には、書き込み者への指導権限はありません。したがって、法務局など公的機関を通じて、削除を試みることになります。しかし、ネット人権侵害はネット上で拡散するので、書き込みの削除を徹底することは非常に困難です。また、名誉毀損、侮辱、プライバシー権侵害の成否の判断も容易ではありません。当事者間の見解が分かれた場合、判断してもらうためには、裁判するしかないのです。

　それでは、裁判で問題は生じないのでしょうか。裁判での誤審が時折報道されています。つまり、裁判官も判断を誤ることがあるということです。日本は、三審制をとっています。しかし、最高裁判所へ上告および上告受理申立しても、「上告理由にあたらない」として90％以上が上告棄却・上告不受理となるため、二審制に近いと考えられます。地方裁判所から始めて、高等裁判所、最高裁判所まで裁判を闘うと、少なくとも2年以上はかかるのが通例です。民事裁判の場合、通常、弁護士に代理人を依頼します。最高裁判所まで裁判を闘うと、数十万円から数百万円の弁護士費用がかかります。刑事事件として裁判を起こすには、告訴する必要があります。刑事訴訟の場合、警察や検察が証拠集めを行いますが、民事訴訟の場合は、原告側で証拠集めをする必要があります。ネット人権侵害の場合、匿名や偽名で書き込んでいる場合がありますので、書き込みを行った当事者を特定すること自体、容易でないケースがあります。

日本の裁判所、検察、警察の権限が及ぶのは実質的には国内に限られているので、国外にサーバーを置く国外の事業者の場合、書き込みを行った当事者を特定することも極めて困難なのです。つまり、ネット人権侵害に対して、国民を守る法的仕組みは脆弱なのです。国外にサーバーを置く国外の事業者への捜査は困難なので、他のネットに係る不法行為についても、国民を守る法的仕組みは脆弱です。

国内の事業者であれば、裁判所の命令があれば、証拠書類を押収できます。ただし、そのためには、刑事告訴する必要があります。親告罪であることが、ネット人権侵害が処罰されにくい要因となっているのは、皮肉なことです。この状況を改善するには、非親告罪として、現行犯逮捕できる仕組みを作る必要があります。ネット人権侵害は繰り返される場合があるので、たとえば、ＳＮＳの特定のサイトあるいは特定のユーザーの書き込みを監視し続ければ、違法な書き込みをある程度見つけることができるでしょう。つまり、スピード違反の取り締まり同様、ネットパトロールで、威嚇による抑止効果を目指すことはできます。まずは、サイトのＵＲＬやユーザーＩＤをシステムに登録して、書き込みを監視し続けるのです。特定のサイトや特定のユーザーを見つけるためにも、ネットパトロールが必要となります。人権を守るために、監視が必要になるというのは皮肉なことです。では、厳罰化とネットパトロールは、ネット人権侵害を減らすための妙策になるのでしょうか。

（吉冨康成）

3　儒教に学ぶ家族愛

ネットパトロールは、必要性が増していくでしょう。しかし、現行犯という取り扱いになったとしても、ネットパトロールは威嚇による抑止に貢献するに留まり、本質的な対策にはならないと思います。ネットパトロール対象が余りに多く、かつ、今後も増え続けると予想されるからです。厳罰化とネットパトロールの技術進歩だけでは、ネット人権侵害の蔓延を阻止するのは困難だと考えています。そして、徳育が必要だという考えに行きつきました。徳育については、第3章の第4節で述べましたので、ここでは、徳育に連なる儒教における家族愛について考えてみます。

孟子は、「天下之下本在國、國之本在家、家之本在身（天下の本は国にあり、国の本は家にあり、家の本は自身にある）」と述べています。自身の修身がすべての基本であることは、孟子の「天爵」に連なる基本思想です。天から授かった「天爵」とは、仁、義、忠、信の徳を意味し、人が授ける「人爵」とは、人が授ける高い地位を意味しています。そして、孟子は、世俗的な「人爵」の上に「天爵」を考えていました。そして、自身の修身の次に、家を基本としました。家の次に、天下国家を考えました。天下国家の徳治が、儒教の目指した世界です。孟子の言葉でいえば、「王道政治」ですが、本著の守備範囲を超えるので、深入りしません。君子の楽しみとして、孟子は次の3つをあげています。一つ目は、父母が健在で、兄弟姉妹が息災であること、二つ目は、天にも人にも恥じる行いがないこと、三つ目は、天下の秀才を教育することです。孟子が家族への思いやりを重んじていたことがわかります。そして、孔子が重視した「仁」の徳は、肉親間の自然な愛情から発したものです。

明治維新以来の中央集権への継続的移行、ビジネスの国際化、経済至上主義の浸透は、大家族から核家族へ、そして、孤族への潮流を生みました。また、インターネットは、対面でのコミュニケーションの機会を減らす要因となりました。そのような社会変化が、家族など同胞との関係に連なる「恥」および「誇り」の意識を希薄にさせたと思われます。

家族でできていたことを情報技術で肩代わりしようとしていると感じることがあります。家族を気遣うことは自然なことでした。脈々と続く家族の関係を、命のバトンを引き継いだ者が、感謝をもって守り、静かに次代にわたしていく。そのような、日本の原風景の底流としての「恥」と「誇り」の意識の伝承が危なくなっているように思います。確かに、法令や情報技術など科学技術で、ある程度、社会を支えることはできます。しかし、精神の拠り所としての家族愛をもち続けることができなければ、日本の将来は覚束ず、ネット人権侵害も増え続けるでしょう。

「民無信不立（人民は信がなければ安定してやっていけない）」（孔子の言、論語より）（例えば、[9]（p. 230））。「信」がなければ、政治に限らず、社会生活、家庭生活もうまくいくはずはありません。儒教の「仁」の徳は家族愛から始まっています。家族の孤族化は止められないかもしれません。そして、インターネットを用いて、家族の代役をする技術開発の必要性は高まるでしょう。しかし、家族が精神の拠り所であることに変わりはありません。「こんなことをしたら親が悲しむ」「こんなことをしたら〇×家の恥だ」「こんなことをしたら恥ずかしい」、という気持ちになって、ネット人権侵害を思い止まってもらいたいと切に望みます。

（吉富康成）

4　おわりに

全自動でネット人権侵害を検出できる技術が生まれる見通しは立っていません。今後とも、人権侵害の可能性のある書き込みを自動収集して、目視チェックして判定するやり方しかないでしょう。厳罰化とネットパトロールの技術進歩だけでは、ネット人権侵害の蔓延を阻止するのは困難だと考えています。そして、徳育が必要だという考えに行きつきました。

（吉富康成）

参考文献

［１］西田圭介『Googleを支える技術』技術評論社、２００８年

［２］那須川哲哉『テキストマイニングを使う技術／作る技術――基礎技術と適用事例から導く本質と活用法』東京電機大学出版局、２００６年

［3］荒木健治『自然言語処理ことはじめ』森北出版、２００４年
［4］神崎洋治・西井美鷹『体系的に学ぶ検索エンジンのしくみ』日経ＢＰ社、２００４年
［5］MeCab　http://mecab.googlecode.com/svn/trunk/mecab/doc/index.html
［6］KNP　http://nlp.ist.i.kyoto-u.ac.jp/index.php?KNP
［7］政府広報オンライン　http://www.gov-online.go.jp/useful/article/200808/3.html
［8］ＩＣＴ総研「２０１３年　ＳＮＳ利用動向に関する調査」
http://www.ictr.co.jp/report/20130530000039.html
［9］金谷治訳注『論語』岩波書店、改訳、１９９９年

エピローグ

インターネットは、「くにのかたち」を変えつつあります。国境までがその国の法律の効力の及ぶ範囲であることは、言うまでもありません。本著で特に問題とした人権侵害（「名誉毀損」「侮辱」「プライバシー権の侵害」）については、日本在住の国民をターゲットとして、国外にてインターネット上でその行為がなされれば、日本の司法は無力です。その場合、国民の人権を守ることはできません。また、残念なことに、日本在住の国民をターゲットとして、国内にてインターネット上で人権侵害が行われた場合でも、現在の日本の法律は、国民の人権を守るに足る備えができていません。また、ネットパトロール技術も、ネット人権侵害のすべてを検出できる水準にありません。今後、その水準に達するようにするには、多大な労力と時間と資金を投入する必要があります。

　人権ネットパトロールを実施してみて、人権侵害の可能性のある書き込みが、ネット上に「あまた」あることに驚き、まずは、現状を多くの方に知っていただきたいという思いで木著を世に出すことにしました。明治から始まった首都圏への一極集中、経済偏重、国際化の進行の中で、大家族から、核家族、孤族への流れができました。ネット上での人権侵害の可能性のある書き込み内容については、インターネットがなかったなら、家族の団らんの中や、友達・同僚との会話の中で、表情や息遣いや空気を感じながら、発言を控えたり、婉曲な表現にしたり、発言しても比較的穏やかな心の着地点を見出せたものが多いと思います。人権侵害の可能性がある書き込みをする人は、内実、親身になって、やめるよう諭してくれる家族を求めているような気がしてなりません。

法務省の人権相談窓口（http://www.moj.go.jp/JINKEN/index_soudan.html）から、全国の法務局・地方法務局の連絡先などを知ることができます。これが日本で一番確かな相談先です。人権関係の部署がある地方自治体もあります。ご自身の居住する自治体で、そのような部署があるかを確認してみてください。

「恥」を「恥」と思い、孔子の教え「己所不欲、勿施於人（己の欲せざる所、人に施すこと勿《な》かれ）」に述べられた「恕」（思いやり）をもち続けることが、ネット人権侵害を起こさないための心得だと思います。

2014年2月

吉冨康成

Software Engineering, Artificial Intelligence, Networking, and Parallel/Distributed Computing 2012（共著），2012年

Horizons in Computer Science Research（共著）Vol. 9, Nova Science Publishers，近刊

☆人を思いやる心を育てることが大切だと感じています。

加藤亮太（かとう・りょうた）第２章２節，第３章１，２節

京都府立大学大学院生命環境科学研究科特任研究員

Horizons in Computer Science Research（共著）Vol. 9, Nova Science Publishers，近刊

☆ SNS やスマートフォンの普及により，誰もがネット上で人権侵害をする側になる可能性があります。書き込みを行う前に，誰かを傷つけはしないかを気にかけることが大事だと思います。

上田裕果（うえた・ゆか）第３章１，２，３節

京都府立大学生命環境学部環境・情報科学科４回生

☆ネット人権侵害は私のような若い年代にとっても身近なものであると思います。ネットを利用する若い人たちの意識を変えていくことが，ネット人権侵害の減少に繋がるのではと感じることも多くありました。

浅田太郎（あさだ・たろう）第６章１節

京都府立大学大学院生命環境科学研究科特任准教授

Progress in Education（共著）Nova Science Publishers, 2011年

Speech Technologies（共著）InTech, 2011年

Image Processing : Methods, Applications and Challenges（共著）Nova Science Publisher, 2012年

Software Engineering, Artificial Intelligence, Networking, and Parallel/Distributed Computing 2012（共著），2012年

Horizons in Computer Science Research（共著）Vol. 9, Nova Science Publishers，近刊

☆若い人がネットで使う言葉は，日々進化と退化を繰り返しています。文明の縮図のように思えます。

田伏正佳（たぶせ・まさよし）第６章１節

京都府立大学大学院生命環境科学研究科准教授

Speech Technologies（共著）InTech, 2011年

Image Processing : Methods, Applications and Challenges（共著）Nova Science Publisher, 2012年

執筆者紹介

（執筆担当章，所属等，著書，☆ネット人権侵害についてひと言）

吉冨康成（よしとみ・やすなり）【編者】，プロローグ，第１章，第２章トビラ，１，３，４，５節，第３章トビラ，４，５節，第４章，第５章トビラ，２，３，４，５節，第６章，エピローグ

京都府立大学大学院生命環境科学研究科教授

『OR辞典』（共著）日本オペレーションズ・リサーチ学会，2000年

『ニューラルネットワーク』（単著）朝倉書店，2002年

Progress in Education（共著）Nova Science Publishers, 2011年

Speech Technologies（共著）InTech, 2011年

『ソフトコンピューティングの基礎と応用』（共著）共立出版，2012年

Image Processing : Methods, Applications and Challenges（共著）Nova Science Publisher, 2012年

Software Engineering, Artificial Intelligence, Networking, and Parallel/Distributed Computing 2012（共著），2012年

『ものづくりに役立つ 経営工学の事典――180の知識』（共著）朝倉書店，2014年

Horizons in Computer Science Research（共著），Vol. 9, Nova Science Publishers, 近刊

☆ネット人権侵害は，現代社会の縮図です。科学技術の功罪，コミュニケーションの形態と心理，家族の変容，法治の限界，徳育の必要性，儒教，中国および韓国，北朝鮮と日本の歴史的関係，経済至上主義への戸惑い，さまざまな事柄を俯瞰し，ネット人権侵害対策の糸口を見つけることに本著が役立てば幸です。

太田桂吾（おおた・けいご）第２章３，４節，第５章１，２，４節

応用技術株式会社ソリューション本部ソリューションサービス部主査

☆コンピュータ業界に身を置くものとして，ネット人権侵害は，身近に感じる問題です。また業界としては，まったなしで取り込む大きな課題のひとつです。すべての世代にとって，“ネット”を怖いものから身近で便利なものにできるよう，私も努力していきます。

インターネットはなぜ人権侵害の温床になるのか
——ネットパトロールがとらえたSNSの危険性——

2014年8月30日　初版第1刷発行　〈検印省略〉

定価はカバーに
表示しています

編著者	吉冨康成
発行者	杉田啓三
印刷者	江戸宏介

発行所 株式会社 ミネルヴァ書房

607-8494 京都市山科区日ノ岡堤谷町1
電話代表 (075)581-5191
振替口座 01020-0-8076

共同印刷工業・清水製本

ISBN978-4-623-07065-7
Printed in Japan